观赏性水养、组合盆栽

华 姨 编著

浙江科学技术出版社

前 言
Preface

　　有人说，"每天心中开出一朵花，世界自然花香遍地"。当我们心中满是芳香，现实生活中又怎可以没有满室芳香呢？准备好一个个小花盆，准备好一件件小工具，准备好一颗颗种子……准备好一份好心情，迎接有花草相伴的美好生活吧。

　　心怀这样纯粹的制作初衷，我们创作了这本《观赏性水养、组合盆栽》，一字一句成文、一草一木成图，将多种植物的习性特征、养护等知识奉送到您的面前。我们选择了返璞归真的种植方法：水养。透过清水的滋润，我们希望带给每一位读者孕育生命的力量，一种风雨中成长的正能量，一种精心呵护与陪伴的幸福感。

　　全书分水养盆栽、组合盆栽两部分，每部分都有基础理论的介绍、基础技巧的讲述以及栽种实例的展示，力求以深入浅出的手法将相对专业的知识呈现出来。具体到每一个水养盆栽实例当中，我们又分列出五方面进行介绍：别名，让您能够在市场上更有效地淘到您想要的植物；形态特征，让您能够更好地区别并认识不同的植物；习性，让您能够从一开始就简单了解植物，做到心中有数地种植；花语，让您能够更好地了解植物的内涵；水养与养护，让您能够更好地种植植物。在组合盆栽实例中，我们会告诉您制作与养护的方法，还将带您欣赏这些植物的美。

　　我们选择的植物种类都是具有观赏性的植物。叶子生出来、舒展开，花儿冒出蕾、绽放开，香气丝丝缭绕。愿我们的这一本书能陪伴您在植物栽种路上幸福每一天。

目 录
Contents

Part ⑴

水养盆栽

水养盆栽的介绍

什么是水养盆栽

　　一般的植物都是栽培在土壤或泥炭土等基质上。园艺学家们通过努力探索，发展出了植物的水培技术，植物栽培已经可以不需要土壤而直接在水上进行。所谓水培，简单地说就是直接用营养液（或清水），而不是用土壤或基质培养植物，用这种方法培育的植物即水养植物。目前，人们主要利用土种盆栽植物来美化家居环境，但由于它是用土壤或基质进行栽培，有管理烦琐、容易滋生病虫害、笨重等缺点。水养植物则具有清洁、高雅、易于养护、生命力强等特点，又可集赏花、观根、养鱼于一体，令人赏心悦目。因此水养植物既是百姓美化家居环境的好选择，也是一种时尚的馈赠礼品。

　　当然，不是说将植物简单地插入水中培养就叫水培，或将插入水中培养的植物称为水养植物。真正意义上的水养植物是指已适应水生条件，能形成在水中正常生长的根系，植株健康且能长期培养、观赏的植物。水培技术已应用于商业化的水培植物的培育和生产，其中包括繁殖培育、驯化促根、水生培养等生产程序。将较能适应水养条件的植物进行简单的技术处理后，在日常生活中也可以进行水养与欣赏。根据不同植物的生长习性和观赏要求，水培也有多种形式。有些植物对营养需求不大，在清水中就能生根、生长，将这些植物直接插入清水中培养即可。有的植物需要通过促根培养，使它适应水养条件，并需要补充营养液来满足其生长的需求。有的植物根系部小，地上部大，需要用各类形状的卵石、麦饭石、兰石、陶粒等来固定或增加水中的空气含量。有的植物根系观赏性较差，常采用彩虹沙、彩石、水晶石、水晶泥等来配色、构图，以提高观赏性。

常见水养植物及选购方法

一、常见的水养植物

植物的种类和品种较多，但并不是所有植物都适合水培。一般常用于水培的植物有天南星科、百合科、龙舌兰科、景天科、仙人掌科、鸭跖草科等植物，这类植物生长的原生态环境大多是潮湿的地方或沼泽地等，多数容易萌发能在水中正常生长的根系，大多很快就会适应水生环境。

天南星科： 白掌、银皇后、白雪公主、黑美人、金帝王、绿帝王、迷你龟背竹、龟背竹、水晶花烛、花叶芋、玛丽安、奥利多、金钻蔓绿绒、春羽、黄金葛、合果芋、金钱树、滴水观音等。

百 合 科： 吊兰、文竹、白纹草、芦荟、风信子、一叶兰、条纹十二卷等。

龙舌兰科： 百合竹、龙舌兰、星点木、虎尾兰、小朱蕉、三色细叶千年木、巴西美人、酒瓶兰、巴西铁、香龙血树等。

景 天 科： 莲花掌、玉树、落地生根等。

仙人掌科： 仙人球、仙人柱、仙人指等。

鸭跖草科： 几乎所有的鸭跖草科植物都适合水培，常见的有鸭跖草、紫背万年青、淡竹叶、吊竹梅等。

其他植物： 常春藤、袖珍椰子、棕竹、君子兰、旱伞草、风梨、鸟巢蕨等。

二、如何选购水养植物

如果工作繁忙且没有更多时间享受自己培养水养植物的过程，不妨到花卉市场去买上一两盆已培养好的水养植物进行欣赏，点缀、装饰家居或办公室。现在，市场上已有专业化生产的水养植物，但存在一些质量较差，甚至假冒的产品，这些假冒的水养植物既不是适宜水养的植物品种，也没有进行适当的驯化培养，没有诱导出适宜水培环境的根系，购回后很容易出现根系腐烂而致植株死亡的情况。因此，在选购水养植物时要注意识别，最好到有质量保障和养护管理说明的水培植物专卖店去购买。一般来说，选购水养植物时，首先要结合季节及需要美化的环境，选择合适的种类，搭配适宜的盆器，然后通过"三看"来具体挑选：

看植株的长势是否健壮。 要选株型匀称而有生机、生长茂盛、叶片坚挺而翠绿，无萎蔫现象的植株。

看根系。 经过驯化培养的水养植物会生出许多能适应水中生长发育的新生根系，这些根系多且长，多从离水面位置较近处大量生出，根色白，无根毛。特别是一些较难水培的木本植物，一定要注意其是否有白色的水生根。

看培养的水。 要求培养容器清洁，培养水清洁透明，无浑浊现象，近闻没有臭味。在瓶中养鱼时，还要看鱼是否活泼。

水养植物常用器皿及用具

一、常用器皿

凡是能盛水的容器都可以作为水养植物的器皿。但由于金属容易与花卉营养液起化学反应，腐蚀器皿，所以不能用金属容器来盛装水培植物。根据材质的不同，水养植物的器皿可分为以下几类：

1. 玻璃器皿

玻璃器皿是培养水养植物最理想的器皿，其规格品种多，造型各异，透明度好，容易清洗。根据其形状的不同，玻璃器皿又可分为：

高脚花瓶型和直桶型

矮脚半圆状

鱼缸型和杯碗型

实验用烧杯类、酒杯

2. 陶瓷的罐、瓶、碗、杯等

这类器皿具有古色古香、形状独特、造型各异、线条流畅等特点，与观赏植物搭配在一起，可展示其典雅、古朴美。

3. 塑料器皿

随着水养植物的兴起，培养水养植物的器皿越来越多。造型多样、物美价廉、轻便且透明的塑料器皿也派上了用场。但塑料器皿使用久了，清洗较困难，其透明度不太好。

4. 竹木工艺筒

使用经过防水、防漏处理的天然竹木筒或桶来水养植物，有返璞归真之感，使人们的生活更加贴近大自然。

5. 家用果盘、饮料瓶等

这类器皿造型各异，品种繁多，不必特意去购买，生活中多加留意即可，信手拈来，与植物搭配，会有意想不到的效果。

二、相关用具

1. 固定和装饰用的材料

大多数水养植物最好使用定植篮,定植篮既可固定植株,又可增加水养环境的通透性,不会使植物根颈部位被水淹没而引起腐烂。固定植物和装饰用的材料还包括水晶泥、水晶石、石米、卵石、兰石、麦饭石、陶粒等。另外,水养作品还可与小木座、小木凳搭配。

水晶泥	水晶石	石米
卵石	兰石	麦饭石
陶粒	彩石	放入容器边或容器内的饰品

2. 工具

用于水养植物的工具有冲洗植物根系的喷头、修剪枝叶和根系的剪刀、清洗器皿的试管刷、玻璃清洁剂、向叶面喷水的喷壶等。

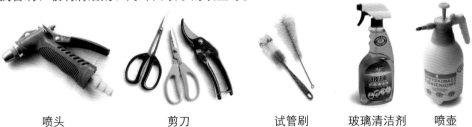

喷头　　　剪刀　　　试管刷　玻璃清洁剂　喷壶

水养盆栽基础技巧

水养植物的取材方法

　　水养植物所用的材料可根据植物的生长和繁殖特性，通过插穗水插法、分株法及脱盆洗根法三种方法来取材。

一、插穗水插法

1. 这种方法宜在春、秋两季进行，先选择容易生根和成形快的品种，如富贵竹。

2. 剪取营养充足、生长健壮的地上部分或枝条，于节位往下0.2~0.5厘米处斜剪一刀。

3. 将剪取的枝条插入水中，诱导生根。插穗水插后要注意勤换水，切口、水质和容器都要保持清洁。

4. 待萌发的新根长到1~2厘米后，将插穗转入营养液中培养。

二、分株法

　　将成簇丛生的植株带根分离出来，或将植物的蘖芽、吸芽、匍匐枝等分切下来进行水培的方法。

三、脱盆洗根法

1.土培植物脱盆后，去除泥土。

2.冲洗干净根部的泥土或基质。

3.对根系发达的品种，要进行修剪，剪去 1/3 根系；对根系欠发达的，应尽量保留根系，不宜修剪，直至新根长出。

4.洗净根系的植物先放入清洗干净的器皿中用清水养，并放置在荫蔽处，经常向植株和周围环境喷水，最好每 1~2 天换水 1 次，直到长出新根后才转为正常养护管理。

水养植物日常护理

　　水养植物是用一种技术性较强的新型方法培养的植物，但其养护管理并不难。基本的养护管理就是容器和植株的清洗、换水和营养液的补充与更新，辅之以其他的管理，这样就可以获得较好的培养效果。具体的养护管理要点是：

一、清洗容器和植株

1. 水养植物在培养一定时间后，会出现水质浑浊、滋生青苔、器皿透明度下降、根系上附生黏状物等现象，影响植株的正常生长和观赏性，因此要不定期进行清洗。

2. 用小剪刀将植株根系中的老化根、烂根除去，用自来水冲洗干净根上粘着的污物、黏状物等。

5. 清洗完毕后的植株。

3. 在取出植株后的器皿中加入适量玻璃清洁剂或洗洁精进行清洗，有条件的话也可用 0.1% 的高锰酸钾溶液做消毒处理，最后要冲洗干净。

4. 用刷子或布块清洗器皿内、外壁，并用清水冲洗干净。

二、为植株补水和换水

　　水养植物水位的控制宜低不宜高，1/3~1/2 根系没入水中即可，植株的根颈部位切记不要被水淹没。在水养过程中，植物通过叶片的蒸腾作用会消耗掉部分水分，容器开口处也会蒸发掉一些水，故植物培养一段时间后，容器内的水会减少，水位会下降，因此，要适时补充水分。补充新鲜水分也可增加根际环境中氧的含量，有益于根的发育。

　　定期或不定期换水也是管理的要点之一，以保持培养水的新鲜。培养水可用泉水、井水等，自来水宜静置一两天后使用，如果用饮用的矿泉水会更好，因为纯净水没有污染，透明度高，是最理想的培养水。换水时间可依培养的具体情况来确定，一般春夏季可每3~5 天换水 1 次，秋冬季每 2 周换水 1 次。如果水质纯净、清洁，植株和根系生长良好，也可再延长换水时间，只需补充蒸发的水量即可。

缺水的水养植物

给植物补充水分

1/3~1/2 根系没入水中即可

补充水分后的植物

三、养分的补充与更新

1. 添加营养液

有些植物在生长期和开花期需要较大量的养分，因此，需要在水中加入营养液，以满足植株生长和开花的需要。营养液可以到水培植物专卖店购买，根据所要培养的植物来选购。使用时一定要严格按照说明书上的比例兑水稀释，应掌握浓度宜低不宜高的原则。营养液一般在换水时加入，需求量大或换水间隔时间较长的，可在中期补充加入。可用静置一两天的自来水来配营养液，有条件的用纯净水来配营养液更好。

各种植物营养液。

将植株取出，向水中滴营养液。

将植株重新插入容器内即可。

2. 叶面施肥

用清水培养的水生植物，也可以通过向叶面施肥来满足其生长、开花所需的养分。

将购买的营养液或其他叶面肥稀释至要求的比例。

用喷壶喷施，要尽量喷到叶的背面，以提高吸收效率，每10天左右喷1次。

四、其他养护要点

　　除上述几个水养植物的关键养护要点外，其他常规管理也不可忽视。为植物提供一个温度和光照合适的环境，可使水养植物培养时间长，观赏性好。如夏季高温时可通过向叶面喷水来降温，冬季低温时可用近距离灯光加温；通过调整摆放位置减少植株徒长或偏冠现象；剪去枯枝、黄叶有利于植物的生长、减少病虫害的发生；因养护不当或病虫侵染等造成水养植株观赏性受到影响的，可采取更新植株的方法来提高观赏性。

有黄叶的植物　　　　　　　　　　　　除去黄叶

五、常见问题及解决方法

植物水养后，其生长环境和习性在一定程度上发生了改变，需要采取相应的管理技术措施，才能使植物生长良好，提高观赏性，并保持较长的生长期与观赏期。水养植物的根部环境容易出现供氧不足的问题，从而导致植株生长不良、叶片发黄、根系腐烂及水质腐败、浑浊等现象。长时间水养，由于培养液富含养分，器皿中也易发生长青苔、滋生病虫等现象。针对这些问题，可采取下列相应的措施来解决。

1. 根系腐烂的处理

水养植物的根系经常会出现腐烂现象，特别是在高温高湿的梅雨季节或炎热的夏季。有时处理不妥、刚洗根不久的植物也会出现这种问题。这种情况发生后，可采取以下措施：

① 及时发现根系腐烂的水养植物。

② 清洗腐烂的根系，用剪刀剪去所有被侵染的部分。

③ 用 800 ~ 1000 倍液的多菌灵或托布津，或 0.05 % ~ 0.1 % 的高锰酸钾溶液清洗或浸泡植株根系 10 ~ 20 分种。

④ 用自来水泡洗用药浸泡后的根系。

⑤ 将植株放入已洗净的器皿中，用清水养护，每 1 ~ 2 天换水 1 次，待根系生长稳定后，就可放入营养液中继续培养和观赏了。

① ② ③ ④ ⑤

2. 器皿中发生长青苔、滋生病虫等现象的处理

① 器皿中一旦出现青苔等滋生藻类，应立刻倒掉被污染的水溶液，彻底清洗器皿和植株根系，重新换水或营养液。

② 藻类的繁衍需要较好的光照，故用黑色的塑料袋或旧报纸等遮住水养植物的器皿，避免强光照射，可防止藻类的滋生。

③ 对已滋生藻类或病虫的水养植物，只要注意勤换水，保持水质的清洁就可以了。

浑浊的培养水　　生了青苔的水养植物

水养盆栽实例

适合阳台种植的水养盆栽

五彩芋

花语：神秘、浪漫

别名

彩叶芋、两色芋

习 性

喜温暖、湿润的环境，不耐寒，喜光照，但光照不宜过分强烈。如光照不足，叶彩斑变暗，叶徒长。

水养与养护

1.只适宜春夏季水养，夏季要用清水养。

2.经常向叶面喷水，可使叶色更加艳丽。

3.水养期间变黄下垂的老叶要及时剪掉，不能用手强行拔，否则影响根系和植株的生长。

4.根系腐烂时，应立刻换水、清洗容器及根系，并用0.05% ~ 0.1%的高锰酸钾溶液清洗或浸泡根系10 ~ 20分钟，然后用清水洗净，再用清水养。

5.叶柄柔软易折，容易倒伏，可加颗粒基质固定根系和块茎。

6.水养时用白色石米固定和装饰，更显高雅。

7.生长适温为18 ~ 30℃，室温不可低于15℃，降至12℃时，叶片枯黄。

形 态 特 征

五彩芋是多年生草本植物，具块茎，株高 15 ~ 40 厘米。叶卵状三角形至心状卵形，形似象耳，呈盾状着生。绿色叶具有红斑、粉红斑，也有白斑，色彩斑斓，艳丽夺目，似高明的画师彩绘而成，故它是观叶植物中的上品。佛焰苞白色，肉穗花序黄色至橙黄色。

黄金葛

花语：热情开朗、富于挑战

水养与养护

1. 整盆或带有气生根的小段都可水养，15～20天后可萌发新根。

2. 叶面喷雾且在生长期喷叶面肥，可使叶色更加亮丽。

3. 因其枝叶悬垂，可设支架、木座或采用壁挂器皿水养。

4. 气候干燥时，应经常向叶面喷水，提高空气湿度，以利于气生根的生长。

5. 水养过程中应经常剪去基部老化的叶片，截短过长的茎蔓和紊乱的枝条，可根据欣赏的需要而造型。

6. 生长适温为15~28℃，冬季室温不可低于10℃。

别名

绿萝、石柑子

习性

喜高温、高湿及半阴的环境，耐寒。

形态特征

黄金葛为蔓性植物，茎长、细软，茎节上长有气生根，能攀缘他物向上生长。叶近似心脏形或椭圆形，全缘，暗绿色，质厚，具腊质光彩。有叶面上出现不规则的黄色、灰色斑点或斑块的花叶品种。黄金葛婀娜多姿，生性强健，非常适应水生环境，是最常见的水养植物之一。它具有环保功能，可净化环境，吸收空气中的有害物质，其中以吸收甲醛最为明显，能吸收空气中95%以上的甲醛。

银边吉祥草

花语：温暖

别 名

白纹草

习 性

喜温暖、湿润和半阴的环境，夏季需充分浇水及喷雾。

水 养 与 养 护

1.春夏季气温回升时，地上部分萌发新芽，洗根后分株水养。

2.夏季用清水养，每3～5天换水1次，以免烂根。

3.水位以淹没根系1/3为宜。

4.随时剪去枯黄的老叶。

5.如发现根系腐烂，要尽快进行清洗处理。

6.生长适温为20～28℃，耐寒性差，冬季室温低于15℃时，叶片枯萎而脱落，植株进入休眠期。

形 态 特 征

银边吉祥草是多年生草本植物。叶密丛生，条状披针形，翠绿色而镶有白边，与吊兰极为相似。它有白色、短肥而发达的地下块根，故非常适合水养。银边吉祥草飘逸的叶片和亮丽的叶色颇具观赏性。它生性强健，好打理，是标准的懒人植物。它可吸收各种有害气体，对甲醛有超强的吸收能力。

朱蕉

花语：坚毅、热忱

水养与养护

1. 直接洗根后水养，器皿底部可用卵石作装饰。

2. 剪取植株水插，15～20天后就可生根。

3. 选含磷、钾较高的营养液，叶色会更鲜艳。

4. 水养过程中，要经常向叶面喷雾，保持较高的空气湿度。

5. 炎热的夏季用清水养。

6. 水养过程中出现根系腐烂的现象时，应立刻换水，并用0.05%～0.1%的高锰酸钾溶液清洗或浸泡根系10～20分钟，然后用清水洗净，再用清水养。

7. 生长适温为20～25℃，冬季室温不能低于5℃。

别 名

小铁树

习 性

喜温暖、湿润的环境，喜光照，耐寒性较强。

形态特征

朱蕉属于低矮小灌木。叶密生，披针形，绿色，无叶柄。根系白色且较发达。同属的短密叶朱蕉、二色朱蕉、迷你红边朱蕉等品种都可水养。小朱蕉适宜水养，根系肉质而雪白，扦插也容易长出白色根系，非常适合用玻璃容器水养。

玉树

花语：财源滚滚、富贵吉祥

别 名

景天树、翡翠树

习 性

喜温暖和光照充足的环境，也耐半阴。

水养与养护

1.直接洗根后水养，不适合剪枝条水插。

2.其根系欠发达，地上部分宽大，有些头重脚轻，器皿底部可铺卵石、彩石以固定植株。

3.夏季不能用营养液养，宜直接用清水养，每3~5天换水1次。

4.需置于光线较好的室内环境，否则叶片会脱落。

5.在明亮的散射光条件下生长最佳，最低适温在7℃左右。

形 态 特 征

玉树是常绿多肉植物，小灌木。茎圆柱形，灰绿色，有节。叶片肉质、肥厚，阔椭圆形，叶色浓绿，富光泽，光照后叶缘变为红色。玉树强健耐旱，枝叶丰满，四季碧绿如翠，是适合室内观赏的植物。

非洲霸王树

花语：天真、率直

水养与养护

1.选娇小玲珑的植株水养，因根部瘦小，容器底部要用卵石作装饰。

2.水养15~20天萌发新根后，用营养液水养。

3.因茎干肉质化，根系又不发达，较大型的植株可用颗粒基质来固定。

4.夏季每7天换水1次，其他季节则可延长一些时间换水。

5.生长适温为20~25℃，冬季室温应不低于15℃。

别名

马达加斯加棕榈

习性

喜温暖、干燥和光照充足的环境，不耐寒，耐高温，也稍耐半阴。

形态特征

非洲霸王树为多肉植物中的珍稀品种，茎圆柱形，褐绿色，肥大挺拔，密生3枚一簇的硬刺，较粗、稍短。茎顶丛生翠绿色线形叶，尖头，叶柄及叶脉淡绿色。

沙漠玫瑰

花语：爱的使者

别 名

天宝花、矮性鸡蛋花

习 性

喜温暖和光照充足的环境。

水 养 与 养 护

1.在春夏季选择株形好的迷你型植株水养，剪除老根，用颗粒基质固定植株。

2.冬季叶片会脱落，应放在暖和的地方，用清水养，待春季新叶长出后，改用营养液培育。

3.夏季每7天换水1次，其他季节则可延长换水时间。

形 态 特 征

茎粗，基部膨大，肉质，长出许多粗枝，形成灌木状。叶片呈椭圆形，多聚生在树枝的末端，深绿色，有光泽。花形犹如一个漏斗，生长在枝条的末端，在绿叶陪衬下，红花娇艳欲滴。花色丰富，有白花及镶边品种。无论花、叶、茎，还是它的形，均优雅别致，自然大方，别具一格。沙漠玫瑰为室内观赏之佳品。

球兰

花语：青春美丽

水养与养护

1.整盆或几枝插入水中水养，约20天后长出白色水生根。

2.炎热夏季直接用清水养。

3.冬季室温应保持在10℃以上。

别名

樱花葛、蜡花、腊泉花

习性

喜高温、高湿和半阴的环境。

形态特征

球兰是常绿藤木，枝蔓飘逸，株形优美。茎肉质，节上有气生根。叶肉质、肥厚，卵形或卵状长圆形，表面犹如涂了一层光蜡，很匀称地对生在枝蔓之间。每年从春季到秋季，常绽开一簇簇半圆的花序，由二三十朵星状的小花所组成。花边粉红色，花心朱紫色，当花全开满时，好像彩色的伞打开，清新悦目。

水金钱

花语：福禄寿喜、顽强坚韧

别 名

圆币草、铜钱草

水 养 与 养 护

1.直接脱盆洗根或分株洗根后用清水养，前期换水频率较高，待根系洁白、美观后，可降低换水频率。

2.植株低矮但株形丰满，用玻璃碗、碟、盘等器皿水养效果较好。

3.水养过程中需经常调整形状，整体效果会更好。

习 性

对环境要求不高，喜潮湿的环境，适合水生。向光线方向生长，容易偏冠。

形 态 特 征

水金钱属于匍匐性、挺水性水生草本植物，也是美观又易存活的水生植物。茎细长，匍匐于地面，每一节可长出一枚叶子，并可一直延伸。叶圆肾形，叶面油亮、翠绿，因叶形似圆币，故又称它为圆币草、香菇钱。

适合客厅种植的水养盆栽

绿帝王

花语：生意兴隆、万事大吉

水养与养护

1.将根洗净，适当修剪老根后用清水养，水淹没根系的1/3。

2.待新根萌发后，结合换水进一步修剪老根。

3.在炎热的夏季，向叶面喷水以增加空气湿度，使叶片浓绿而有光泽。

4.叶片大，生长量大，需要经常添加营养液或向叶面施肥以补充营养。

5.一般单株水养效果较好。

6.生长适温为20~25℃，冬季室温应不低于10℃。

别 名

绿帝王喜林芋

习 性

喜温暖、湿润的环境，喜光照，也能耐半阴。

形 态 特 征

绿帝王是天南星科喜林芋属常绿木质攀缘植物。茎干节间短，节间常生不定气根。叶片大，呈莲座状簇生于茎顶部，由黄绿色渐变为绿色或深绿色，有光泽，宽披针形，基部心形，叶柄长达30厘米。佛焰花苞长15~20厘米，暗红色，有时2个生在一起。开花时露出里面的黄色柱头，肉穗花序。绿帝王具有环保功能，能吸收空气中的尘埃及大量的二氧化碳，释放氧气，使室内空气清新，可增加空气中负氧离子的含量。

酒瓶兰

花语：落落大方

别 名

象腿树

习 性

　　喜光照充足的环境，夏季忌强光直射，须遮阳，耐高温，耐寒力强。

水养与养护

1.选择健壮、端正的单头酒瓶兰或有多个顶芽的迷你植株，用脱盆洗根法水养。

2.将其老根剪去，瓶底垫一些小石块或麦饭石，20～25天后会萌发出白色新根。

3.将1/2~3/4的根系没入水中即可，不要使整个球状茎淹没。

4.生长适温为16~26℃，越冬温度为0℃。

形 态 特 征

　　酒瓶兰为常绿小乔木，株高在原产地可达2~3米，盆栽种植的一般为0.5~1米。地下根肉质，茎干苍劲，基部膨大如酒瓶，形成其独特的观赏性状。膨大的茎干具有厚木栓层的树皮，且龟裂成小方块，呈灰白色或褐色。叶片顶生于茎顶，下垂似伞形，细长线状，叶缘具细锯齿，革质，婆娑而优雅。它是热带观叶植物的优良品种之一，目前在国内广为栽培。

龙舌兰

花语：为爱付出一切

水 养 与 养 护

1.选株型优美、叶片完好且无斑的植株用清水养。

2.结合换盆，把母株基部萌发的幼苗取下水养，15~20天后就会萌发出白色水生根。

3.因株型宽大，叶片肥厚，要配以稳重而厚实的容器水养。

4.炎热的夏季每3~5天换水1次，其他季节可每15天左右甚至更长时间换水1次。

5.常用清水擦洗叶面上的尘埃。

6.生长适温为15～25℃，冬季室温应不低于5℃。

别 名

美洲龙舌兰

习 性

　　喜温暖、干燥和光照充足的环境，稍耐寒，较耐阴，耐旱力强。

形 态 特 征

　　龙舌兰属多年生草本植物，植株高大，单叶，簇生，披针形。叶基生，肥厚，宽带状，灰绿色，被白粉，先端具硬刺尖，边缘具钩刺。叶片坚挺美观、四季常青。园艺品种有金边龙舌兰、金心龙舌兰、狭叶龙舌兰、白缘龙舌兰等，这些品种都非常适宜水养。

春羽

花语：无私奉献

别 名

春芋、羽裂喜林芋

习 性

喜高温、高湿的环境，对光照要求不高，不耐寒，较耐阴。

水养与养护

1. 选株型高大且端正的植株脱盆洗根，配以高大直桶形玻璃容器水养。

2. 剪取带气生根的植株，直接插入水中，约15天后生根。

3. 夏季增加换水次数，以免根系腐烂，且用清水养。

4. 经常用0.1%～0.2%的磷酸二氢钾等叶面肥喷叶面，可使叶色亮丽。

5. 用高大盆器水养的春羽再配以木质花座，更显端庄高雅。

6. 生长适温为18～25℃，冬季能耐2℃低温，但以5℃以上为好。

形态特征

春羽是多年生草本植物，株形优美，长势旺盛，株高可达1米。茎粗、直立，直径可达10厘米，茎上有明显叶痕及电线状的气根。叶为簇生型，着生于茎顶向四方伸展，叶片巨大，浓绿有光泽，呈卵状心形，全叶羽状深裂似手掌状，革质。叶柄坚挺而细长，长40～50厘米。幼年期的叶片较薄，呈三角形，随着不断生长叶片逐渐变大，羽裂缺刻多且愈深。春羽具有环保功能，可吸收空气中的尘埃，增加空气中负氧离子的含量。

合果芋

花语：可爱的情人、纯洁的爱情

水养与养护

1.分株后洗根，去除老根、残根后直接水养，也可剪取带气生根的枝条直接水养，10天左右后可萌发新根，且不受季节限制。

2.器皿选择广泛，身边信手拈来的饮料瓶、茶杯等凡是能盛水的容器都可以，也可悬挂、壁挂培养。

3.水养一段时间后，会长出飘逸的走茎枝蔓，可牵引在墙壁、窗栏上生长。

4.如果想让合果芋直立生长，可选叶色鲜艳的白蝶合果芋、粉蝶合果芋、金叶合果芋等小型植株。

5.生长适温为15～25℃，冬季室温低于10℃时，叶片会枯黄。

别名

白蝴蝶、长柄合果芋

习性

喜高温、高湿及半阴的环境，但适应性极强，不管是在阳光充足的环境中还是阴暗的角落里都能生长。

观赏特征

合果芋为多年生蔓性常绿草本植物，是天南星科植物中最常见的、管理最粗放的室内观叶植物之一。茎蔓生，茎节具气生根，攀附他物生长。叶具长柄，下部有叶鞘。初生叶色淡，老叶则深绿色，且叶质变厚。合果芋幼时呈丛生状，后茎伸长。同属的品种有白蝶合果芋、粉蝶合果芋、金叶合果芋等。

百合竹

花语：长寿、青春永驻

别名

短叶竹蕉

习性

　　喜高温、高湿的气候和温暖、湿润的半阴环境。耐阴性强，怕烈日暴晒，生长期宜多向叶面及周围环境喷水。

水养与养护

1.洗根后水养，每3~4天换1次清水，可放入几块小木炭防腐，10天内不要移动位置或改变方向，约15天后即可长出银白色须根。

2.生根后不宜换水，水分蒸发后只能及时加水。常换水易造成叶黄枝萎、根系腐烂。

3.最好每隔3周左右向瓶内加入几滴白兰地和少量营养液；也可用500毫升水溶解0.5片已碾成粉末的阿司匹林片或维生素C_1片，结合加水时滴入几滴，即能使叶片保持翠绿。

4.生长适温为20~28℃，冬季越冬温度应不低于10℃，低温和空气干燥都会引起叶尖干枯。

形态特征

　　百合竹为多年生常绿灌木或小乔木。叶松散，簇生，叶片线形或披针形，渐尖，全缘，叶长12~22厘米，宽1.8~3厘米，叶色碧绿且有光泽。

星点木

花语：吉祥、富贵

水养与养护

1.整株、分株或剪取枝条水插培养均可，水插15天左右后会生根。

2.夏季根系易腐烂，需勤换水，用自来水养较好。

3.可与其他植物搭配，进行组合水养。

4.经常向叶面喷水或喷叶面肥，并将其置于光线明亮的地方，可使叶色更加美丽。

5.选含磷、钾较高的营养液水养，可使叶斑更鲜艳。

6.生长适温为16～25℃，冬季室温不能低于5℃。

别名

星点千年木，吸枝龙血树

习性

喜高温、湿润和光照充足的环境，夏季需遮阳。

形态特征

星点木为常绿木本植物，由基部长出数枝茎干，细而挺拔。叶片椭圆形，中间具有一条乳白色的斑带，斑带两侧浓绿色的叶面上镶有许多大小不规则的乳白色的斑点，叶片微带蜡质。星点木的一个变种白星龙血树叶片上的斑点更多，显得更加美丽动人。星点木是比较独特的观叶植物，枝条纤细，在光照下，叶片明艳夺目，是非常适合水养的植物品种。

菜豆树

花语：勤劳刻苦

别 名

幸福树

水 养 与 养 护

1.选用一年生的植株，洗根后用陶粒固定水养。

2.为了维持观赏性，需经常向叶面喷洒清水。

3.生长适温为20℃左右。

习 性

喜高温、高湿和光照充足的环境，耐高温，畏寒冷，忌干燥环境。

形 态 特 征

菜豆树为木本植物，羽状复叶，叶光滑、无毛，对生，呈卵形或卵状披针形，尾尖，全缘。叶色油亮、翠绿，株型优美。

发财树

花语：兴旺发达、开运招财

水 养 与 养 护

1.将植株的老根剪去，插入潮湿的河沙中诱导出适宜水生的新根，待新根萌发到长1~2厘米后取出，于水养容器中用彩沙将其根部固定，宜将膨大的基部露出水养。

2.也可剪一小段放入水中，20~25天后会长出白色新根，再改用营养液培养。

3.放在室内光线明亮的地方，否则叶片会脱落。

4.生长适温为15~30℃，耐寒力差。

别 名

马拉巴栗

习 性

喜高温、高湿的环境。它是强阳性植物，但也可在室内光线明亮的地方长期摆放。

形 态 特 征

发财树为常绿乔木，高达8~15米，掌状复叶，小叶5~7枚，枝条多轮生。花大，长达22.5厘米，花瓣条裂，花色有红、白或淡黄色，色泽艳丽。4~5月开花，9~10月果熟，内有10~20粒种子。种子大，形状不规则，浅褐色。发财树是非常美丽的树种，株形优美，叶亮绿色，树干呈纺锤形，极富观赏性。

白掌

花语：旅途平安、一帆风顺

别名

苞叶芋、白鹤芋、
一帆风顺

水 养 与 养 护

1.取用盆栽植株或分株，洗净根系，剪除部分老根、残根，将茎基部插入湿沙或水中诱导新根，7~10天后萌发出新根。

2.根系白色，观赏性强，宜用透明容器水养，可在水中放彩石作点缀。

3.耐荫蔽环境，在室内半阴条件下亦能正常生长、开花。

4.花朵凋谢后，把残花剪去。经常更新营养液或喷叶面肥，可延长观赏期。

5.夏季、冬季改用低浓度的营养液或清水培养。

6.生长适温为15~18℃，冬季室温不能低于10℃，夏季要保证空气湿度在50%以上。

习 性

喜高温、高湿的环境，能耐低温，为观叶植物中最耐阴的种类之一。

形 态 特 征

白掌为多年生绿色草本植物，株高25~35厘米，具短茎。根系发达，洁白如玉，适合用透明的玻璃容器水养。叶基生，叶阔、披针形，叶柄细长，叶色翠绿，叶脉明显。花梗长，佛焰花序，苞片初时绿色，后转白色，花序形似手掌，故称之为白掌。春夏季抽生直立花葶，佛焰花苞白色，向内翻转，犹如引颈向上的白鹤，故又称之为白鹤芋；又因似航行中的一叶白帆，故人们将它取名为"一帆风顺"。亭亭玉立的洁白花朵被翠绿的叶丛簇拥，秀美而清新。白掌具有过滤有害气体的功能，对空气中的甲醛、苯、氨和丙酮等有过滤作用。

棕竹

花语：生机盎然

水 养 与 养 护

1. 分株洗根后取单株或3~5株于一个容器中水养。

2. 根系质地紧密，不易烂根，适应水生环境快，但生根慢，可长达数月。

3. 器皿底部垫几粒卵石或海螺壳，起装饰作用。

4. 生长适温为10～30℃，室温高于34℃时，叶片常会焦边，生长停滞；越冬温度应不低于5℃。

形 态 特 征

棕竹是棕榈科植物中优良的喜阴观叶植物。棕竹株形秀美，刚劲挺拔，枝叶茂密，矮小，生长缓慢，叶色浓绿且有光泽，四季常青。

别 名

观音竹

习 性

喜温暖、阴湿及通风良好的环境，极耐阴。夏季炎热、光照强时，应适当遮阳。

凤梨

花语：富贵、尊敬

别名

菠萝花

习性

　　喜高温、湿润、半阴的环境，可常年放置在温暖、明亮的室内。夏季喜凉爽、通风的环境，能稍耐干燥气候。

水养与养护

1.地上部分大而重，根系深褐色，不发达，观赏性较差，常用麦饭石或卵石固定并遮掩根系，加营养液培植。

2.可用非透明的容器水养。

3.需要经常将叶面清洗干净，叶旋叠而成的筒状结构中可加水，但注意不要将水淋到花上。

4.越冬温度以不低于10℃为宜。

形态特征

　　凤梨科植物是当今最流行的室内观叶植物，观赏性很强。它们以奇特的花朵、漂亮的花纹、碧绿的叶片使人们啧啧称奇。花、叶都具蜡质，柔中带硬而富有光泽。叶片的基部常相互紧叠成向外扩展的莲座状，犹如人工制作的盛水筒，可以贮水以备干旱时慢慢"饮用"。凤梨是夜间空气清新器，不断吸收二氧化碳，同时它还有减弱电磁辐射的作用。

旱伞草

花语：风调雨顺

水 养 与 养 护

1.将植株脱盆洗根后用水养，约1周后可长出新根。水位浸没根茎部或达到容器高度的2/3处即可。

2.伞草冠幅大，一个容器中不能植太多枝，稀疏一些更潇洒自然。

3.先将洗净的石子、卵石等填入玻璃容器底部，再将植株放入其中，用石子、卵石压住根系，以固定植株。

4.夏季气温高，应注意增加换水次数，将根部黏液冲净，否则容易烂根、死亡。

5.经常用清水喷淋叶片，使之无灰尘、新鲜、碧绿、有光泽。生长期可喷几次叶面肥。

6.生长适温为15~20℃，冬季室温不可低于5℃。

别 名

伞草、车草、水竹

习 性

喜温暖、湿润、通风良好和光照充足的环境，耐半阴，较耐寒。全日照或半阴处都可良好生长，但夏季放在半阴处对其生长更有利，可保持叶片嫩绿。

形 态 特 征

旱伞草为多年生常绿水生草本植物，株形优美，茎干丛生直立，叶顶生，呈伞状。细长的叶状总苞片簇生于茎干，呈辐射状。旱伞草姿态潇洒飘逸，不乏绿竹之风韵。

适合饭厅种植的水养盆栽

银皇后

花语：仰慕

别名

银后亮丝草、银后万年青、银后粗肋草

习性

喜高温、高湿的环境，喜明亮的光照，较耐阴。

水养与养护

1.适合在春夏季脱盆洗根后水养，或剪取带有气生根的植株水插，约15天后生根。

2.水养初期要经常修剪黄叶，增加换水次数。

3.经常向叶面喷水或喷洒0.1%的磷酸二氢钾稀释溶液可提高植株的观赏性。

4.夏季改用清水养，放置于阴凉环境。

5.生长适温为20~30℃，冬季室温不能低于10℃。

形态特征

银皇后为多年生草本植物。株高30~40厘米，茎直立、不分枝，节间明显。叶柄长，基部扩大成鞘状。叶互生，狭长，浅绿色，叶面有灰绿色条斑。银皇后以它独特的空气净化能力著称，空气中污染物的浓度越高，它越能发挥其净化能力。它可以去除空气中的甲醛、尼古丁，能吸收打印机的电磁辐射，非常适合摆放于通风条件不佳的阴暗房间。

风信子

花语：喜悦、幸福、浓情蜜意

水 养 与 养 护

1.催根处理：水培种植应在预期开花前60~70天时进行。将准备水培的种球先在室温8~10℃且黑暗或弱光条件下催根，家庭栽培可将种球放在吸水饱满的棉布或海绵上面，让球基部保持湿润。切勿将种球鳞片部分埋于湿物中，否则易引起球茎霉烂。约10天后，种球基部将出现白根，待白根长出1~2厘米，即可水养。

2.水位离球茎的底盘要有1~2厘米的空间，让根系可以呼吸。严禁将水加满，没过球茎底部。水养后最好放在室内通风、透光的地方，保持室温15℃左右。

3.用清水养，每7天换水1次，用营养液养时视水质浑浊程度，每15~20天更换1次营养液，保持瓶内水质清洁。

4.水养时可用浅盆、玻璃容器或有一定造型的塑料透明容器，也可用普通的玻璃杯、酒杯、牛奶瓶等。

别 名

西洋水仙、五色水仙

习 性

喜凉爽、湿润和光照充足的环境。

形 态 特 征

风信子是早春开花的球根花卉。地下鳞茎球形，外皮白色或紫色，具光泽，其色泽常与花色相关。叶基生，带状披针形，肉质。花序端庄，色彩绚丽，具浓香。花色有红色、蓝色、白色等。用玻璃容器水养，能见到白根直泻而下，别有风趣。

莲花掌

花语：勤劳、优雅、多才多艺

别名

莲座草、石莲花

习性

喜温暖干燥和光照充足的环境，不耐寒，耐半阴，怕积水，忌烈日暴晒。置于过于阴暗处，植株会徒长，失去观赏价值。

水养与养护

1.直接将盆栽植物脱盆洗根后水养。

2.摘一片叶子或一段匍匐茎，插入河沙中，15~20天后萌发新根，长出小植株。

3.不耐湿，植株宜离水水培，只需将根系伸入水中即可。

4.在炎热的夏季和严寒的冬季用清水培养，春秋季宜用低浓度的营养液培养。

5.注意放置于光线较好的地方，如果植株长期置于荫蔽处，易徒长且叶片稀疏。

6.冬季室温必须维持在5℃以上。

形态特征

莲花掌是常见的多浆植物，姿态秀丽，形如池中莲花，是室内绿化的佳品。有匍匐茎，叶丛紧密，直立成莲座状，叶楔状倒卵形，顶端短、锐尖，肥厚如翠玉，无毛，粉蓝色。花茎柔软，有苞片，具白霜。聚伞花序，花冠红色，花瓣披针形、不张开。花期为7~10月。

适合卧室种植的水养盆栽

龟背竹

花语：延年益寿

别 名

蓬莱蕉、电线兰、穿孔喜林芋

习 性

喜温暖、湿润、半阴的环境，不耐干旱，不耐寒，怕强光，耐阴。若光照过强，叶面会泛黄，甚至出现焦边现象。

水 养 与 养 护

1. 龟背竹对水生环境极为适应，四季都可水养。
2. 用整株或保留完整气生根的枝条进行水养。
3. 天气干燥时向叶面喷水，以保持空气潮湿，有利于枝叶生长、叶片鲜艳。
4. 虽然四季都可水养，但炎热夏季容易烂根，需注意勤换水，且不宜用营养液。
5. 龟背竹茎干粗壮、叶片硕大，一般用稳重而厚实的器皿水养。
6. 龟背竹的叶片有时会发生褐斑病，须及时放到室外阴凉处，并用800~1000倍液的托布津或多菌灵冲洗，以免褐斑病蔓延。
7. 根系腐烂时，应立刻换水、清洗容器及根系，并用0.05%～0.1%的高锰酸钾溶液清洗或浸泡根系10～20分钟，然后用清水洗净，再用清水养。
8. 水养前期，根系并不漂亮，可用麦饭石等颗粒基质来装饰和固定植株。
9. 生长适温为20~25℃，越冬温度为3℃以上。

形 态 特 征

　　龟背竹为多年生常绿半蔓性草本植物，茎粗壮。龟背竹株形优美，叶片形状奇特，叶色浓绿，且富有光泽。叶柄长，深绿色，有叶痕，革质。叶厚，革质，互生，暗绿色或绿色，幼叶心脏形，没有穿孔，长大后叶呈矩圆形，具不规则羽状深裂，自叶缘至叶脉附近孔裂，如龟甲图案，故得名。茎上着生而下垂的褐色气生根，可攀附他物向上生长，气生根形似电线，故又称之为电线兰。它还具有夜间吸收二氧化碳的功能，有净化室内空气的作用。

条纹十二卷

花语：清秀典雅、和乐圆满

别 名

锦鸡尾、蛇尾兰

习 性

喜温暖的环境，耐半阴，耐干旱，可在直射光下生长，但冬季光照不充足时长势会变弱，叶片会缩小。

水 养 与 养 护

1.用脱盆洗根法水养或把母株周围的幼株剥下，直接水养。

2.也可以剪取基部半木质化部分，插于沙床，20~25天生根后水养。

3.待新根长出后，结合换水剪掉枯萎的老根。因需肥量不大，用清水培养即可。

4.用水晶泥水养效果好。

5.植株无茎，不耐水湿，水养时仅将根部浸入水中即可。

6.生长适温为20~22℃，冬季室温不能低于10℃。

形 态 特 征

条纹十二卷为多年生常绿草本植物，呈莲座状生长，无茎。叶三角状披针形，极肥厚，深绿色，长3~4厘米，宽1.3厘米左右。叶面扁平，叶背突起，呈龙骨状，具有较大的白色疣状突起，这些突起排列成横条纹。叶深绿色，与上面的白色条纹形成强烈对比，它是理想的室内小型盆栽植物。花莛长，总状花序。

巴西美人

花语：大展宏图

水 养 与 养 护

1.整盆或分株洗根后水养，或剪几枝插入水中培养，20天左右生根后，用营养液养。

2.炎热的夏季用清水养，叶面需经常喷水。

3.喷含磷、钾较高的叶面肥可使叶色更艳丽。

4.因叶片婆娑，一般分株后单株水养效果更佳。

5.冬季室温不可低于5℃，但最好使它在冬季休眠，最适休眠温度为13℃，温度太低时，叶尖和叶缘会出现黄褐斑。

形 态 特 征

巴西美人是叶色美丽的室内观叶植物之一，株形优美，叶片宽大，叶莲座状丛生，叶片中间有黄色阔条纹。

别 名

缩叶竹蕉

习 性

喜光照充足、高温、高湿的环境，亦耐阴、耐干燥，在明亮的散射光下生长良好。只要温度等条件适合，一年四季都可生长。宜摆放在室内光照充足的地方。若光照太弱，叶片上的斑纹会变绿，基部叶片会变黄，使植株失去观赏价值。

常春藤

花语：感化、贞节、忠诚、永恒

别名

西洋常春藤

习性

喜凉爽环境，耐阴，也能在全光照的环境下生长。

水养与养护

1.为了提高观赏价值，选取叶片具有色彩的品种水养。

2.在15~20℃条件下，剪取枝条水插，约25天后会萌发出新根。

3.在炎热的夏季容易烂根，最好置于阴凉的环境下培养。

4.冬春季水养较好。

5.一般每7天换1次水，切忌将根系全部没入水中。

6.生长适温为18~25℃，能短暂耐-3~-4℃的低温。

形态特征

常春藤为多年生常绿藤本植物。幼枝被鳞片状柔毛，婀娜多姿，叶革质，互生，具长柄，全缘或三裂，呈三角形。园艺品种中的金边常春藤、银边常春藤、金心常春藤及三色常春藤等都是水养的好选择。常春藤也是高效的空气净化器，吸收甲醛和苯的功能极强。

鸟巢蕨

花语：吉祥、富贵、清香长绿

水 养 与 养 护

1.直接洗根后水养，叶面需经常喷水。

2.幼小植株可配以可爱的卡通玻璃器皿水养。

3.长大后，根系呈深褐色，可配以古色古香的非透明容器水养。

4.于生长期喷叶面肥，可使叶色亮丽。

5.剪除枯黄老叶，促进空气流通。

6.在高温、高湿条件下终年可以生长，生长适温为20～22℃，冬季室温不能低于5℃，一般空气湿度保持在70%～80%较适宜。

别 名

巢蕨、山苏花、王冠蕨

习 性

喜温暖、潮湿和有较强散射光的半阴环境。

观 赏 特 征

鸟巢蕨为大型常绿附生草本植物，也是较奇特的室内观叶植物，株高可达100~120厘米，株型丰满，潇洒大方，野味浓郁。叶簇生，辐射状排列于根状茎顶部，中空，呈漏斗状或鸟巢状，叶色葱绿、光亮。常见品种有皱叶鸟巢蕨和圆叶鸟巢蕨等。鸟巢蕨叶片茂盛且宽大，通过光合作用吸收二氧化碳，释放氧气，使室内空气变得清新。

适合书房种植的水养盆栽

仙人掌类植物

花语：时尚华贵、坚定不移

别 名

沙漠植物

习 性

喜温暖、干燥和光照充足的环境，耐干旱，不耐低温。

水 养 与 养 护

1.取成形植株用脱盆洗根法水养，一般不采用水插法水养。

2.其肉质茎较沉重，宜使用厚重而稳定的玻璃器皿栽种。

3.需经常清洗容器和根系，以免滋生青苔。但根系瘦弱，生长也缓慢，清洗时要特别小心，以免弄断根系。

4.夏季每7天换水1次，其他季节则可根据情况延长换水时间。换水时水不能淋到仙人球的顶部，以免腐烂。

5.冬季用清水养。

6.生长适温为20~30℃。

形 态 特 征

仙人掌类为多年生多肉植物。茎肉质、肥厚，可储藏大量水分和养分。花色鲜艳，生命力强。形状奇特多样，有圆的、扁的，或高、或矮，有植物界的艺术品之称。于室内摆放可增加空气中负氧离子的浓度，吸收甲醛、二氧化硫及氟化氢等有害气体。

金帝王

花语：富贵、信任

水 养 与 养 护

1.茎干节间短，节间常长出气生根，可剪取带有气生根的植株直接水养。

2.无明显茎，叶柄长，叶片大，植株易倒伏，宜用彩沙、石米固定。

3.生长量较大，宜常换新鲜营养液以补充养分。

4.在干燥季节，宜经常向叶面喷水，以增加空气湿度，使叶色更有光泽。

5.每5天换水1次。

6.用黑石米装饰可显出富贵而高雅的气质。

7.生长适温为20~25℃，冬季室温应不低于10℃。

别 名

金帝皇

习 性

喜温暖、较湿润的环境，需要充足的光照，忌阳光直射，耐半阴。

形 态 特 征

金帝王为多年生室内观叶植物，茎粗，茎节处气生根发达。叶片互生，革质，三角心形，呈莲座状簇生，上部和心部叶片金黄色，下部老叶转绿色或黄绿色，叶柄长。在光照下，叶面能发出闪动的亮光，色彩夺目耀眼，颇具热带气息。花呈佛焰状，开花时造型非常奇特。金帝王可增加空气中负氧离子的含量，能吸收空气中的尘埃及大量的二氧化碳，释放氧气，使室内空气清新。

迷你龟背竹

花语：健康长寿

别 名

袖珍龟背竹、斜叶龟背竹

习 性

习性同龟背竹，较龟背竹更喜潮湿和高温，耐阴能力强，不耐低温。

水 养 与 养 护

1. 直接将土培的成形植株洗根后改为水养，也可于春季修剪枝条水插，15~20天后可萌生出新根。

2. 炎热夏季改用清水培养，而且要勤换水，以免烂根。

3. 由于株形弱小，常取数枝置于一个器皿中水养，形成丰满的造型。

4. 需经常向叶面喷水，增加空气湿度。

5. 生长适温为20~28℃，冬季室温不可低于12℃。

形 态 特 征

迷你龟背竹为多年生蔓性草本植物，株形弱小，直立性差，茎、叶长势弱，茎稍扁平。叶缘完整，叶脉偏向一方，使其叶基部不对称，叶面呈歪斜状，故又名斜叶龟背竹。叶绿色，叶片上分布有大小不规则的圆形或长椭圆形的穿孔。它可以净化室内空气，在夜间吸收二氧化碳、释放新鲜氧气。

水晶花烛

花语：清新悦目

水 养 与 养 护

1.春夏季直接脱盆洗根后水养。

2.炎热夏季改用清水养，叶面需经常喷水以增加空气湿度。

3.生长期喷叶面肥可使叶色更美丽。

4.配以迷你型的容器水养，效果相当不错。

5.生长适温为20～28℃，室温不能低于15℃，冬季注意防冻。

别 名

美叶花烛

习 性

喜高温、高湿的环境，耐阴。

形 态 特 征

水晶花烛是多年生常绿草本植物，四季绿意盎然，耐阴性强，是奇特、优良的室内观叶植物。幼株叶片绿色，成长后呈暗绿色，叶片呈心形或阔卵形，叶端尖，叶基凹入，翠绿色，叶脉银白色，且脉纹清晰美观，构成美丽的图案。它以美丽的叶丛取胜，是理想的室内观叶植物。

玛丽安

花语：生机勃勃、友谊常青

别名

白玉黛粉叶、粉黛

习性

喜温暖、湿润的半阴环境，忌日光直射，在明亮的散射光下生长最好。

水养与养护

1.水养后注意放置于有明亮散射光的条件下。若光照过强，叶面会变得粗糙，叶缘和叶尖易枯焦，甚至大面积灼伤；若光线过弱，黄白色斑块的颜色会变绿。

2.应保持环境湿度为80%，应经常向叶面喷水，如久不喷水，则叶面粗糙，失去光泽。

3.在炎热夏季改用清水养，并增加换水次数。

4.喷叶面肥可使叶色亮丽。

5.生长适温为25～30℃，冬季室温应控制在8℃以上。

形态特征

玛丽安是天南星科中多年生草本植物，茎肉质，茎干易从叶腋处萌生多个小枝条，株形丰满，株高35～40厘米。叶长椭圆形，先端尖，略波状缘，叶面布满各种乳白色或乳黄色斑纹或斑点，叶缘宽约1厘米且为浓绿色。玛丽安具有环保功能，可使室内空气清新，也可增加空气中的负氧离子含量。

巴西铁

花语：步步高升

1.剪取一小段茎干，将基部插入河沙中，30~50天后可生根，再用营养液培养。

2.用白色卵石、石子固定基部，用非透明器皿水养，待白色根长到3~5厘米长后，改用透明器皿养。

3.叶面需经常喷水以保持较高的空气湿度。

4.生长适温为20~30℃，冬季室温应不低于5℃。

别 名

香龙血树、香千年木

习 性

喜高温、高湿和光线明亮的环境，亦耐阴、耐干燥。在较干燥的环境中也能良好生长。

形 态 特 征

巴西铁为美丽的室内观叶植物，株形优美、整齐，茎干挺拔、不分枝，可截成长度不等的茎段。叶大，条形，长30~50厘米，宽4~6厘米，簇生于茎顶，尖稍钝，弯曲成弓形，叶缘鲜绿色，且呈波浪状起伏，有光泽，有亮黄色或乳白色的条纹。

翡翠珠

花语：神秘、浪漫

别名

一串珠、绿之铃

习性

喜凉爽的环境，宜置于室内光线明亮的地方。

水养与养护

1.用水插法水养，1周左右后可萌发出新根。

2.茎叶肉质、下垂，可借助外物于瓶口处固定住，也可用麦饭石来固定水养。

3.生长适温为15~22℃。越冬温度不可低于10℃，冬日寒冷时，注意防寒。

形态特征

翡翠珠为多年生常绿肉质多浆草本植物。茎蔓生而细长，匍匐生长，接触土壤即能生根，吊挂垂悬，在茎节间会长出气生根，在细长的绿茎上长着一串串"铃铛"，相当可爱。叶肉质，如豌豆，直径0.6~1厘米，有微尖的刺状凸起，绿色，有一条透明的纵纹。叶互生，呈圆形，具短柄。

罗汉松

花语：健康长寿、开运招财

水养与养护

1.常选用一年生的播种苗水培，将种子播于河沙中育苗。

2.株形直立，选用各类小玻璃瓶或小水杯作容器，以麦饭石作固定材料。

3.小叶上需经常喷水，容器中可不定期追加稀薄营养液。

别 名

土杉

习 性

幼苗耐阴，喜温暖、湿润的环境，耐寒性强。

形态特征

罗汉松属常绿针叶乔木，主干直立。叶线状披针形，螺旋状互生，叶正面浓绿色，背面黄绿色。罗汉松生长较慢，是室内较好的迷你盆栽植物。

袖珍椰子

花语：永葆青春

别 名

矮棕、茶马椰子

水 养 与 养 护

1.选择生长旺盛的盆栽植株，将根系洗净后用营养液水养，新根萌发迟缓。

2.老根呈棕色，根系纤细，故用陶粒、麦饭石等来固定植株，遮掩并不美观的根系，待新根萌发后，可剪掉老根，改用清水培养。

3.由于其枝叶茂盛，因此一个容器内不要放太多株，3～5株即可。

4.生长适温为20～30℃，冬季室温应不低于10℃。

习 性

喜温暖、湿润、荫蔽的环境。

形 态 特 征

袖珍椰子为棕榈科植物中最适合室内摆放的植物，株形娇小玲珑，茎干直立，不分枝。叶一般着生于茎顶，羽状全裂，裂片披针形，深绿色，有光泽。

花叶鹅掌

花语：自然和谐、郁郁葱葱

水 养 与 养 护

1. 宜选择分枝多、紧凑、株形优美的植株。

2. 将植株老根洗净，剪除部分老化根，将根基部半插于清水中。也可用较强健的枝条水插诱导生根，但该法生根较慢。

3. 植株冠部较大，宜用陶粒固定植株。

4. 初期宜勤换水，可每3~4天换水1次，水生根长出后可加入营养液，减少换水次数。

5. 生长适温为15~25℃。

别 名

小叶手树，鸭脚木

习 性

喜温暖、湿润、通风良好且光照充足的环境，忌强光直射。

形 态 特 征

花叶鹅掌为多年生常绿小灌木。主干直立，分枝多，枝条紧密。叶生于茎节处，具长叶柄，掌状复叶，叶较厚，革质，有光泽。在深绿色叶片上分布着不规则的黄、白色斑块，具非常特别的观赏性状。花叶鹅掌与水生植物有近亲缘关系，是适宜水养的植物。

君子兰

花语：思念 、高贵、有君子之风度

别 名

大花君子兰、达木兰

习 性

喜冬暖夏凉的环境，忌强光直射，夏季应遮阳。花期将植株放入低温、弱光环境下，可将花期延长半个月。

水 养 与 养 护

1.取2~3年生的健壮植株洗根后，用0.05%~0.1%的高锰酸钾溶液浸泡根系10分钟，再用清水洗净，用没过根系1/5的自来水养，每3天左右换水1次。

2.注意修剪烂根、老根。10~15天后假鳞茎的基部能萌发出新根，加水没过根系的1/3~1/2处。新根长到5厘米左右长时，改用营养液养。

3.开花后，剪掉残花，喷0.1%的磷酸二氢钾溶液，可使植株发育充实，促进花芽分化。

4. 生长适温为15~25℃，能耐0℃以上的低温。

形 态 特 征

君子兰为多年生常绿草本开花植物，是室内高档观花植物之一。根粗、肉质。茎与叶基假鳞茎状，叶宽条形，双列叠生，浓绿色。花莛直立，顶生伞状花序，常高出叶面，着生小花数十朵，形成大花团。以春夏季为主花期。果小，球形，初为绿色，成熟后呈红色。

虎耳草

花语：爱的信物

水 养 与 养 护

1.用小型玻璃瓶或可盛水的釉陶盆水养，也可用高脚容器水养。

2.生长适温为15～25℃，冬季室温应不低于15℃。

别 名

金钱吊芙蓉、金丝荷叶、耳朵红、老虎草

形 态 特 征

虎耳草为多年生草本观叶植物，植株基节部有细长的葡匐茎，顶端生有小植株。全株密被短茸毛。叶片数枚，基生，近肾形。叶正面暗绿色，具明显的灰白色网状脉纹，背面紫红色。

习 性

喜温暖、湿润的环境。虎耳草较耐寒，一般不会受冻害，但三色虎耳草耐寒性差。

适合卫生间种植的水养盆栽

白雪公主

花语：智慧与自由、高贵

别名

白柄粗肋草

习性

喜高温、光照明亮的环境，初春需要较强的阳光照射，盛夏需遮阳。叶面要经常喷水，以保持较高的空气湿度。

水养与养护

1.由于根系本身发达且洁白如雪，可直接洗根水养。

2.四季都适合水养。

3.夏季气温高时，改营养液养为清水养，且要增加换水次数。

4.刚洗好的根，难免带有泥土的痕迹，先用造型美观的陶土盆水养，待根系更加漂亮后，改用透明容器水养，其观赏效果更好。

5.生长适温为20~30℃，冬季室温不得低于8℃。

形态特征

白雪公主为天南星科粗肋草属植物中最美丽的观叶植物之一，株高30~60厘米，株形优美。叶长20~30厘米，长椭圆形，具长柄，叶绿色，叶片上有清晰的白色叶脉。其叶脉、茎干、根都是白色的，故取名"白雪公主"。白雪公主植株清新活泼，颜色青翠，是夏季室内装饰之首选。同时，它具有环保功能，能吸收空气中一定量的甲醛、二氧化硫及硫化氢等有害气体，增加空气中的负氧离子含量。

黑美人

花语：欣欣向荣、生机勃勃

水 养 与 养 护

1.直接洗根水养,也可剪取带有气生根的植株水插,约15天后生根。

2.在炎热的夏季用较低浓度的营养液或清水养,且要增加换水次数。

3.水养期间,叶面需经常喷水,以保持较高的空气湿度。

4.生长期喷叶面肥有利于提高观赏性。

5.随时剪除植株下部的老化叶片和残根。

6.生长适温为20~25℃,冬季室温不得低于10℃。

别 名

美叶粗肋草

习 性

喜高温、高湿的环境,较耐阴。

形 态 特 征

黑美人为四季常青的室内优良观叶植物之一。株形不高,茎直立,叶微皱,叶面卷曲,酷似黑人的头发,因此得名。叶片茂密,叶有长卵形与披针形,墨绿色叶面上有浅绿色斑点,给人以清新的感觉。夏季开出小白花,非常雅致,水养后置于室内,倍显清雅。黑美人也是"室内空气净化器",可增加空气中的负氧离子含量,也能吸收空气中一定量的甲醛、二氧化硫及硫化氢等有害气体。

伞树

花语：幸福无边

别名

澳洲鸭脚木

1. 用播种的一年生小苗单株或多株于各色水晶泥中培养。
2. 也可选取摘心处理后稍大一点且株形优美、分枝多的植株，用麦饭石加营养液进行水养。
3. 冬季室温不能低于15℃。

习 性

喜温暖、湿润、通风良好的环境。喜明亮光线，若光照过弱则叶片会脱落，光照过强则叶片发白或焦枯。

形 态 特 征

伞树为多年生常绿灌木，掌状复叶，小叶长卵圆形，叶面浓绿色，有光泽，革质，光滑，无毛。

家庭常见水养盆栽种植教程

芦荟

芦荟是一种多年生百合科常绿草本植物。株形美观，具有肥厚多汁的剑形或长三角形叶片，叶簇生，叶色或斑斓多彩，或碧绿如翠。幼苗时叶片两侧互生，成株后多为轮状互生。芦荟喜温暖、干燥和光照充足的环境，耐干旱和半阴。芦荟也是家庭的"空气清新器"，可以有效地清除空气中的甲醛、二氧化碳、二氧化硫等有害气体。早在古埃及时代，其药效便被人们接受、认可，称其为"神秘的植物"。

1. 水养方法

① 选好株形健壮的芦荟。

② 将芦荟从花盆中轻轻倒出，用左手轻提根颈，右手轻托根系。

③ 轻轻抖动，拍打根部，使土壤脱落，露出全部根系。

④ 喷水洗根系直至根部完全无土。

⑤ 洗净泥土后，可根据植株生长情况，适当剪除老根、病根和老叶、黄叶。

⑥ 注意要把根系舒展开，捋顺根系，小心放入已盛有清水的玻璃瓶内。

⑦ 约 2/3 根系没入水中即可。

① ② ③ ④

⑤　⑥　⑦

2. 养护管理

① 整盆或结合换盆将分生侧芽洗净后用清水养，约20天后萌发出新根。

② 因芦荟植株叶厚肉多而较重，在容器的选择上应特殊考虑，其瓶口与植株大小应相匹配，或加定植篮予以固定。

③ 芦荟喜欢充足光照，要注意勤换水，及时清洗容器，以免器皿内壁滋生青苔。

滋生青苔的器皿内壁　　　　　对容器进行清洁

3. 室内应用

芦荟可用于装饰案几、书桌、窗台、阳台等处，时尚清新。小型容器水养芦荟可以放在案头上。家庭水养芦荟，不仅可以美化居室，而且可以随时采摘，获得最新鲜的芦荟叶片，供家庭保健使用。

富贵竹

富贵竹茎直立，不分枝，常绿，易人工造型。叶似竹，有绿色、金边、金心、银心、银边等叶片变异的品种。富贵竹喜温暖和半阴的环境，生长适温为18～28℃，越冬温度应在10℃以上。富贵竹是优良的案头装饰植物，容易生根，生长需肥量不大，是家庭水养的好选择，可用清水养，清洁、简单。

1. 水养方法

成株水养：将盆栽的植株连根取出，洗净根系后，剪除部分老根、残根、过密根（如图①）。

枝条水插：剪取生长良好的成熟枝，用利刀将插条基部略切成斜口，切口要平滑，以增大对水分和养分的吸收面积，并将基部叶片除去，插入瓶器中，水没过基部1～2厘米深，约15天后即可长出银白色须根（如图②）。

单枝（株）水养：选用的瓶口不宜太大，瓶高约为枝（株）高的1/3。

多枝水养：瓶口宜大，将枝条剪成相同长度，斜插入瓶器中，与瓶器形成几何构图为好（如图③）。

造型水养：富贵竹还是幼嫩植株时，可通过扭枝、弯枝等做成各种形状，成熟后能保持相应造型。成熟茎萌芽和发根能力强，可裁剪成不同长度，再经绑扎工艺造型成塔状等，也就是市面上叫"开运竹"的产品。选择比底层塔径略大的浅盆，将塔置入，加清水略淹基部节位即可（如图④）。

 ①
 ②
 ③
 ④

2. 养护管理

① 生根后不宜经常换水，水分蒸发后应及时加水。常换水易造成叶黄枝萎。加的水最好是井水或纯净水，若用自来水需先在器皿中贮存 1 天，水要保持清洁、新鲜。炎热夏季最好用凉开水，以免烂根或滋生藻类。

② 插条插入瓶中后，每 3 ~ 4 天换 1 次清水，可放入几块小木炭防腐，10 天内不要移动位置和改变方向。

③ 水养的富贵竹，可每隔 3 周左右向瓶内加入几滴白兰地，或用 500 毫升水将 0.5 片已碾成粉末的阿司匹林片或维生素 C_1 片溶解，在加水时滴入几滴，使叶片保持翠绿。

④ 有烂茎、烂根的，应及时剔除腐烂部分，用 75% 的百菌清 1000 倍水溶液浸泡 30 分钟，再用清水冲洗后继续水养。

⑤ 避免叶尖及叶缘干枯，不要将富贵竹置于电视机旁或空调、电风扇常吹到的地方。

3. 室内应用

富贵竹有竹报平安、开运聚财之寓意。富贵竹水养能长期保持生机。在清澈的水中，新老根黄白相间，显得生机勃勃。可布置在玄关、沙发转角处。小开运塔可装饰客厅茶几。

红掌

红掌是重要的热带室内盆花，其佛焰形花苞硕大、肥厚，具蜡质，色泽鲜艳，造型奇特，喜温暖、潮湿和半阴的环境，忌阳光直射，不耐寒。生长适温为 20 ~ 30℃，室温不宜超过 35℃，低于 10℃ 时随时有冻伤的可能。红掌是热带高原植物，在潮湿环境下能长出大量气生根，因此，它在水生条件下能正常生长，加入营养液培养可使叶子保持生机，促进连续开花。红掌可用多种容器水养：

① 用各种造型的玻璃容器水养。

② 用釉质陶盆水养。　　　　　③ 用彩虹沙加营养液水养。

1. 水养方法

① 选一盆株形美观且开花的红掌。

② 轻轻拍打盆的四周，脱去花盆。

③ 将泥炭土去掉。

④ 用水浸泡、清洗根部。

⑤ 冲洗根系。

⑥ 修剪黄叶和残根，用 0.1% 的高锰酸钾溶液浸泡根系 15 分钟做消毒处理，然后用清水冲洗干净。

⑦ 准备好圆形的玻璃容器，在底部垫几块卵石作装饰。

⑧ 将红掌植株放入容器中，加入清水至淹没 2/3 根系即可。

⑨ 半个月后改用营养液培养。

2. 养护管理

① 一次很难清洗干净红掌根毛上的基质残渣，可结合日常养护逐步洗净，切不可强行洗刷而损伤根系。

② 对根系一般不做修剪，根据水养后的情况，只对过长的根系稍做修剪。

③ 一年四季应多次向叶面喷水。花谢后剪掉残花，喷叶面肥，以便红掌正常生长。

④ 红掌要求平稳的水温，换营养液时水温温差不能过大。

3. 室内应用

红掌有大展宏图之意，花苞灿烂的红色极富喜庆之意，叶色亮绿，耐阴，是室内观叶、观花兼用的花卉。无论是用作客厅、会议室、接待室及书房的装饰，还是用作宾馆、酒店、商场的点缀都是不错的选择。水养红掌美化商场柜架、橱窗的效果尤佳。

吊兰

吊兰具簇生的圆柱形肥大须根和根状茎。叶基生，条形至条状披针形，狭长，柔韧似兰。花莛从叶丛抽出，细长而弯曲，春夏季开白色小花，开花后变成匍匐走茎，顶部萌生出带气生根的新植株。吊兰喜温暖、湿润和半阴的环境。生长适温为 15~25℃，冬季室温不能低于 5℃。吊兰具有极强的吸收有毒气体的功能，于室内放 1~2 盆吊兰，就可以吸收完空气中的一氧化碳、二氧化碳、甲醛等有毒气体，故吊兰有"绿色净化器"之美称，是一种良好的净化室内空气的植物。吊兰在高温、高湿条件下能生长出适合水生环境的根系，是家居水养植物的良好种类之一。常见的品种有绿色宽叶吊兰、银边吊兰、金边吊兰及金心吊兰等，这些品种都非常适合水养，其水养的形式也多种多样。

凡是能盛水的容器都可用来水养吊兰，最好用透明器皿，可欣赏水中耀眼的白色根系。身边的玻璃酒杯、茶杯、矿泉水瓶等都是水养吊兰既经济又美观的容器。

水养吊兰的容器可以单层，也可以双层。单层容器是取无底孔的玻璃瓶、塑料瓶直接栽上吊兰。双层容器是：取塑料筛（又称为定植篮）为上层，下层是无底孔瓶器，把吊兰栽于上层塑料筛中，让吊兰根部伸入下层瓶器中。

双层容器

1. 水养方法

① 将株形优美的盆栽吊兰从盆中取出，洗去泥土。

② 剪去老根。

③ 剪去枯黄叶片。

④ 将吊兰插入塑料筛中，并填入兰石或麦饭石以增加通透性及固定植株，再放入宽口、透明的玻璃瓶中水养即可。

吊兰还可以采用分株法水养：

① 选择匍匐走茎上有气生根的小吊兰水养。

② 几天后萌发出雪白的新根。

2. 养护管理

① 水养吊兰时，让底部 1/3 根系接触到水面即可，不要把吊兰的白色肉质根全部没入水中，否则会导致烂根。

② 刚放入水中养的吊兰需每天换 1 次水，生根后可减少换水次数。

③ 放在光线较好的地方有利于新根的萌发。

3. 室内应用

吊兰特殊的外形可构成独特的悬挂景观，产生立体美感，起到别致的点缀效果。在卧室里放上一盆吊兰，其叶片窄长而青翠、细长而柔软、美丽而清秀，花莛低垂舒展而优美，会给整个卧室带来生机。案几上、书橱上、电脑旁放上一两盆吊兰后，整个房间便有了浓浓的书香气息。

用麦饭石水养文竹

文竹又名云竹、文雅之竹。因其叶片轻柔，常年翠绿，枝干有节似竹，且姿态文雅潇洒，故名文竹。文竹为多年生草本植物，茎光滑柔细，呈攀缘状。文竹枝叶纤细秀丽，密生如羽毛状，水平展开，翠云层层，疏密青翠，姿态潇洒，独具风韵，深受人们的喜爱，是著名的室内观叶植物。文竹喜温暖、湿润及半阴的环境，不耐干旱。用麦饭石水养的文竹，清新淡雅，用它布置书房更显书卷气息。配以精致小型器皿水养的文竹可置于茶几、书架上欣赏。

麦饭石是一种对生物无毒、无害，具有一定生物活性的矿物保健药石。它具有良好的溶出、吸附和生物活性等功能，可用于水质净化和污水处理等，通过麦饭石滤层的水即可成矿化水。同时它还可以吸附重金属离子、铵氮及有害细菌，起到水体过滤和水质调控等作用，是非常理想的固定和装饰水养植物的材料。

1. 用麦饭石水养文竹步骤

① 选取一株株形优美的文竹和一个小高脚玻璃杯，先在玻璃杯内放上一部分麦饭石。

② 将文竹放入垫有麦饭石的高脚玻璃杯中，再加麦饭石将植株固定好。

③ 前期用清水养，半个月后改用营养液养。

2. 用麦饭石水养文竹作品

① 露出漂亮的根系，栽种于较大的玻璃瓶中。

② 与小植株婴儿泪组合。

③ 与长寿花组合。

④ 与干树枝组合。

香龙血树

香龙血树（山海带），茎干直立，不分枝或少分枝，株形圆头状，茎上叶痕明显，有苍劲感。叶厚，革质，带状叶片丛生茎干顶端而婆娑飘逸。叶色浓绿、油亮。香龙血树生性强健，耐阴，也较耐强光，对光线适应性强，老叶在弱光下会更加深绿苍翠，置于室内光线一般处可存活6个月至2年。香龙血树生长适温为20~30℃，不耐低温，在温度低于12℃以下时叶片易受伤。

1. 水养方法

① 选株形端正、叶片浓绿的香龙血树洗根，修剪部分老根。

② 选择一个直筒形玻璃容器洗净待用。

③ 为洗好根的香龙血树配上定植篮，并用麦饭石、兰石或小石子填满定植篮。

④ 将水加到玻璃容器中，以使根系没过水为宜。

⑤ 待香龙血树长出新根后，加3~5滴营养液到玻璃容器内，加水后放下所要养的鱼，并将已有新根的香龙血树放入玻璃容器内，让根系能浸没在水中。

⑥ 在玻璃花瓶中，上面是绿叶，下面是浸泡在水中的洁白根系，水中还有鲜活的小鱼游来游去，这样一动一静、相映成趣的作品就制作好了。

2. 养护管理

① 最好在春、秋两季养鱼，夏季和冬季不宜养鱼。

② 夏季改营养液为清水，且要勤换水。

③ 选择耐热、抗寒的鱼类比较好，如中国斗鱼、红剑、食蚊鱼、斑马鱼等。

④ 因水中养鱼，要增加换水次数，若发现有死鱼、花卉烂根或水变浑浊的现象，应立刻换水。

⑤ 一般在换水的前一天喂鱼饲料，饲料量为单独养鱼的一半。

⑥ 在容器中最好放一些贝壳、彩石或水草，既可为鱼创造栖息的环境，吸附水中杂质，提高清晰度，又可作装饰。

3. 室内应用

以水养香龙血树来美化室内环境，既时尚，又有活力，可将它置于客厅玄关、茶几等处。在既现代又时尚的家居环境中，摆放水养香龙血树是非常不错的选择。

滴水观音

滴水观音又名海芋，是多年生常绿草本植物，茎粗壮，叶阔大而近箭形，株高可达 2 米。滴水观音植株长势十分旺盛、壮观，具热带风情，属于较大型的耐阴观叶植物。在温暖、潮湿的条件下，其叶尖端或叶边缘常会向下滴水，而且开的花像观音，因此称之为滴水观音。滴水观音喜欢高温、高湿的环境，干燥环境对其生长不利，生长适温为 20~30℃，最低可耐 8℃低温，冬季室温不可低于 5℃。

滴水观音可在各种类型的玻璃容器中水养。

① 中小型植株配以形状各异的中小玻璃瓶。

② 高挑的植株配以深而直的玻璃瓶。

③ 较宽大的植株配以低矮宽大的各类半圆形或鱼缸形的玻璃容器。

1. 水养方法

① 直接取盆栽植株洗净，尤其以茎干分枝多的为宜，株形美观的滴水观音是水养植物最好的选择之一。

② 自植株基部离出土面约 5 厘米处截茎干，进行茎干扦插促根。

③ 取块茎周围萌发出的带叶的小滴水观音。

④ 秋后果熟时，采收橘红色的种子，随采随播，长成小植株。

2. 养护管理

① 滴水观音茎干和根系的组织比较疏松，对水质要求较高，需注意保持水清洁、卫生，否则茎干和根系容易腐烂。

② 在炎热夏季要增加换水次数，要求空气湿度不低于 60%。需经常喷水，为其创造一个相对凉爽、湿润的环境。冬季要保持其叶色浓绿，一般情况下每周要喷温水 1 次。

③ 水位以没过根系 2/3 即可，经常清洗容器内壁，以免滋生青苔。

④ 滴水观音茎叶中的汁液有毒，养护管理时应注意，不可入口，接触皮肤会引起瘙痒和红肿，应及时用水冲洗。戴上塑料手套操作会比较安全。

3. 室内应用

滴水观音很容易让人沉浸在温情的梦里，许多人喜欢它那肥大碧绿的叶子，喜欢看水珠在叶子上滚动的样子，因此，它用大型容器水养后适宜摆放于大厅、居室及休闲吧的一角。小型或迷你型水养滴水观音可点缀书桌、电脑桌及洗手台等。

用水晶泥水养植物

　　水晶泥是采用进口高分子材料生产制作的，可反复吸收、保持、释放水分及养料，经充分浸泡后能吸收 50~100 倍水分，用作栽种植物的基质。它无毒、无污染，形如水晶，异彩缤纷。在透明器皿中放入水晶泥并种上植物，根须清晰可见，犹如扎根水晶之中，生机盎然、美妙绝伦，在观赏美丽植物的同时亦可欣赏花卉根系的生长过程。

　　植物的选择：水晶泥适宜种植喜阴、适水性强的室内水养植物，如富贵竹、袖珍椰子、吊兰、观音莲及竹柏等。

　　容器：要添加水晶泥的容器不宜过大，一般以容积为 250~2500 毫升为宜，适宜栽种矮型室内观叶植物，可单株、双株或多株种植。

　　水晶泥的浸泡：水晶泥干颗粒需用 50~100 倍的水浸泡 2~4 小时。

　　1. 用水晶泥水养植物作品

　　① 迷你富贵竹用水晶泥来养，作品可爱而有趣，可置于儿童房、电脑桌上欣赏。

选择合适的富贵竹，把下边的叶子剪掉。

将 2/3 的水晶泥放入容器中。

放入植株，再放入剩余的 1/3 水晶泥作固定。　用色彩缤纷的水晶泥种植的富贵竹就完成了。

② 用水晶泥养吊兰。

③ 用水晶泥养观音莲。

2. 用水晶泥水养植物的注意事项

① 植物若出现部分根系受损烂掉或部分叶片变黄现象，需要及时倒出水晶泥，剪掉烂根并清洗滤干水晶泥后再种植。

② 若水晶泥表面沾有灰尘或较脏，可把表层水晶泥取出，用水漂洗干净、浸泡还原后晾干表面水分再置入容器中。

③ 水晶泥中的营养成分可供植物生长半年左右。培养植物过程中，可根据植物品种及植物生长情况，适时添加或更换水晶泥。也可定期加入适量适合植物生长的营养液或纯净水、蒸馏水，但注意不可加太满，否则会导致通气性降低，多余的水应倒掉、滤干。不宜使用自来水，因为自来水含有用于杀菌的氯离子，对水晶泥有漂白作用，使用自来水会使水晶泥加速褪色。

④ 半个月后须向叶面喷水，也可喷叶面肥，但不宜频繁喷洒，否则叶片容易发黄。

Part ②

组合盆栽

组合盆栽的介绍

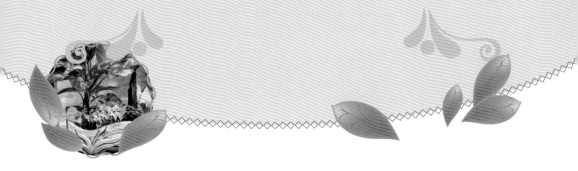

什么是组合盆栽

如果说插花是花的艺术，那么组合盆栽则可被称为"活的花艺，动的雕塑"。组合盆栽是经过艺术构思和创意，用不同的完整植物结合盆器，构成具有生命力、能生长、会发生形态变化并赋予寓意的艺术作品。与单一的盆栽相比，组合盆栽具有更高层次的艺术性和欣赏性；除供观赏外，组合盆栽还具有良好的环境改善功能，是空气净化器，是当今盆花观赏的潮流和方向，在欧美、日本、韩国以及中国香港、中国台湾等国家和地区非常流行。目前，组合盆栽在国内也越来越受到大家的喜爱，正逐步走入千家万户。

组合盆栽到底是什么呢?

将生态习性相似的一种或多种植物运用一定的艺术手法种植在一个或多个容器内形成有一定艺术构图、主题寓意和群体美的盆栽方式叫组合盆栽。

组合盆栽是经过艺术构思和创意组合的栽培方式,与传统盆栽相比,被赋予了更深的内涵,寓意表达更丰富。与插花作品相似,它们都是经过艺术加工的艺术品,但组合盆栽是用完整的鲜活植株制作而成,植物在不断地生长,有很强的生命力,随着季节的交替,其形态特征会发生变化,整个作品具动感之美。所以,荷兰花艺界又形容组合盆栽为"活的花艺,动的雕塑"。组合盆栽是指在一个空间有限的盆器内,将多种植物组合在一起,形成一个微型的绿色生命世界。对于这类组合盆栽,大家又形象地称之为"迷你小花园",它们源于自然,又高于自然。

组合盆栽的含义并不仅仅局限于不同植物的组合,还包括相应盆器的组合,及小饰品、小道具的点缀性组合。组合盆栽无论是在观赏价值还是经济价值方面,都远远超过单植盆栽。随着各种艺术手法的应用和渗入,组合盆栽技艺不断提高,越来越多的组合盆栽成为欣赏价值很高的艺术品。现在组合盆栽已有商业化产品生产与销售,精心选购的组合盆栽,无论是送人还是自己留着欣赏,都是绝佳的选择。当然,组合盆栽也不难制作,在闲暇时,亲自动手设计、制作组合盆栽,既可提高审美情趣,又可享受整个过程带来的愉悦。

制作组合盆栽要注意的几个基本原则

像盆景及插花作品一样，组合盆栽也是要经过艺术构思，通过一定的栽培技术、构图及色泽调配技巧和主题表现手法制作而成的具有较高欣赏价值、表达一定意义的艺术品，是将大自然中的植物美与人工的装饰美结合的产物，因此，组合盆栽不是简单地将植物栽种在一起就可以，而是要根据一定的审美情趣，通过植物选配、盆器应用与构图制作而成。其创作设计的出发点应以掌握并发挥植物的自然特色为根本原则，结合盆器的搭配和所要摆设的环境，注重作品中植物与植物之间、植物与盆器之间的和谐与统一。一般来说，在创作设计和制作组合盆栽时要注意以下几个方面：

一、组合的植物要便于养护管理

不同的植物喜欢不同的栽培基质，有的适合透气性好的基质，有的能适应黏性土壤环境。不同的植物对环境条件如温度、湿度、光照等的要求也不尽相同，或喜光，或耐阴，各具特性。在满足作品创意的情况下，应该尽可能选择习性相同或相似的植物类型以便于养护管理，保证植物能良好生长及有较长的观赏期。

二、植物选择和位置要突出主题

组合盆栽作为具有艺术性的作品，要表达一定的寓意，有其主题。制作时一般通过主体或焦点植物来体现主题，这类植物通常要有独特的花型、花色或枝叶形态、色泽。制作组合盆栽时，主体植物应置于视觉中心，也就是最吸引眼球的地方，以突出主题。一般来说，这个位置就在黄金分割点上。

三、色彩和谐与对比

有了作品主题，就可以根据作品的创意、用途来确定主色调，然后选用具有不同叶色的植物进行搭配、调和、过渡，以丰富色彩，还要考虑植物和容器颜色的搭配，通过容器加强或烘托主题。比如要设计一个春节用的以蝴蝶兰为主的组合盆栽，以开大红色花的蝴蝶兰为主花，以金心富贵竹为骨架，配以绿色常春藤来增加动感，用小中国结或小鞭炮作装饰，春节气氛就呈现出来了。为了避免单调的感觉，也可用对比的形式来增强作品的个性，唤起动态的美感，如在设计过程中巧妙利用植物叶色的变化，形成鲜明的对比。当然，同一色系的植物搭配会有和谐、温馨、宁静之感。

四、整体平衡，层次分明，比例恰当

　　一个好的作品，其结构和造型都要求平衡，上下的平衡尤其重要。所以一个好的组合盆栽作品，各植物的大小与所处的位置要有恰当的比例，高、中、低植株之间的比例要协调，要体现层次感，使植物之间互不干扰，层次分明。而盆器与植物之间也要有协调的比例，如对于高型的盆器不能种植太高的植物，应该选择种植一些悬垂的植物，将视觉效果向下延伸，给人以平稳之感。

五、体现节奏和韵律

　　植物高度的错落起伏，体积由大渐小或由小渐大，色彩由淡渐浓或由浓渐淡，这种微妙的动态变化，使作品在静态空间中产生动感，从而使作品产生有节奏的韵律之美。如常春藤、黄金葛、吊兰等具有垂蔓枝叶的植物在组合盆栽中起线条延伸的作用，体现韵律之美。

六、适度的空间间隔

　　正如盆景和插花一样，组合盆栽在整体布局上也要通过预留适度空间来获得更好的视觉效果，丰富层次，使盆栽有灵气而不死板。而对于还在生长的组合盆栽来说，植株之间、枝叶之间、上下层之间预留适当空间，也有利于植物的生长发育，可防止因拥挤而通气不良，从而引起病虫害的发生与蔓延。在不宜种植植物且空间过大的过渡性区域可配以水苔、树皮、古树根、石子及一些有趣的饰品，起陪衬和弥补空间的作用。

组合盆栽的植物及选择

应该说，大自然中形形色色的植物均可用来制作组合盆栽。观赏性植物可依据其外观、习性等进行归类，如可分为观叶植物和观花植物、阴生植物和阳生植物、草本植物和木本植物、一年生植物和多年生植物，还有仙人掌及多浆肉质植物等。根据作品的主题、植物习性等确定组合盆栽需要的植物类型后，对植株的选择一般要求生长旺盛、株形端正、叶片浓绿、无病虫害的健康植株，对开花植物来说，以具有含苞待放的花蕾为好。植株大小依据具体应用要求和盆器的大小而定。根据组合盆栽技术和植物在作品中的功能与用途，将植物分为直立类、焦点类、填充类、悬垂类、平铺类等几大类，以便在进行组合时选择应用。

一、直立类

这类植物具挺拔的主干和高挑的株形，常用作作品的主体或骨架，表现亭亭玉立的姿态。如发财树、虎尾兰、大花蕙兰、石斛兰、蝴蝶兰、三色千年木及巴西铁等。

发财树　　　　　　　　虎尾兰　　　　　　　　蝴蝶兰

二、焦点类

这类植物常具有鲜艳的花朵或亮丽的叶色，株形紧凑，在组合盆栽中起焦点花的作用。如一品红、凤梨、红掌、非洲紫罗兰、凤仙花及报春花等。

一品红

凤梨

红掌

非洲紫罗兰

三、填充类

这类植物枝叶细密，株形蓬松丰满，植株低矮，主要起衬托、填补空间或弥补缺陷的作用。这类植物还常用作插花作品中的切叶类植物。如波斯顿蕨、黄金葛、鸟巢蕨、椒草、白纹草、冷水花、姬凤梨、金童子合果芋及嫣红蔓等。

姬凤梨

波斯顿蕨

黄金葛

金童子合果芋

鸟巢蕨

四、悬垂类

　　这类植物具垂蔓的枝叶、飘逸的株形，一般放在盆器边缘向外悬垂，起增加作品的动感、表现活力和视觉延伸的作用。如常春藤、吊兰、球兰及薜荔等。

常春藤

吊兰

球兰

五、平铺类

　　这类植物常为贴地生长的地被植物，主要用于平铺在盆面，起遮挡泥土和绿化、美化水平面的作用。如苔藓、翠云草等。

组合盆栽的容器、基质、装饰材料及工具

一、容器

容器为植物的生长、开花和盛装基质提供空间和支撑，同时也是组合盆栽作品中的有机组成部分。一件作品的成败与好坏，与容器质地、造型和色彩选配有着重要的关系。随着花卉业的发展，容器的种类和款式在不断地推陈出新，造型千变万化，风格各具特色，为组合盆栽的制作创造了非常有利的条件。除盆器外，在组合盆栽中还有用于附和盆栽组合的造型架和造型器物，如旧式农具、小推车、汽车、飞机造型等。

1. 根据容器形态和材质的不同分类

花盆类：紫砂盆、瓷盆、玻璃缸、纤维盆等。

花篮类：藤编花篮、竹筐、草编篮、棕衣篮等。

木盆类：木桶、木盆、木制用具等。

仿石类。

玻璃、金属、礼品盒类。

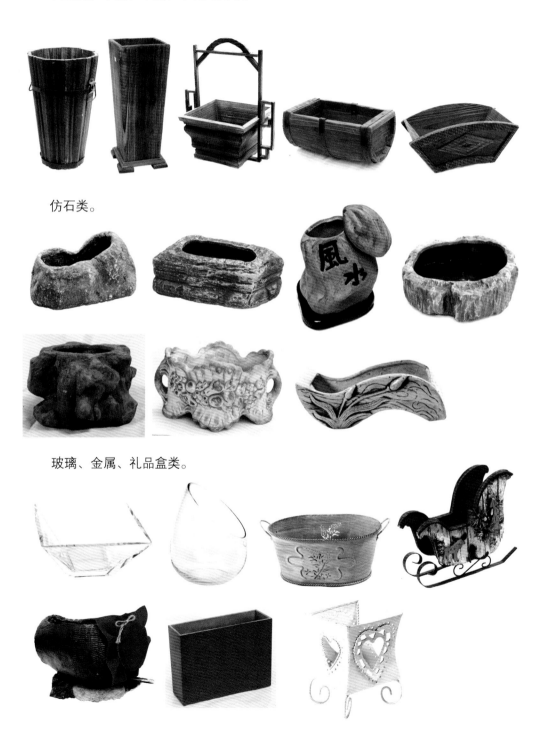

2. 根据容器风格的不同分类

时尚潮流类。

工艺造型类。

寓意类。

迷你卡通类。

二、基质

基质影响盆栽植物的生长与观赏性状的形成，部分组合盆栽中的基质还是艺术创意的组成部分，在构图、色泽搭配方面起作用。基质的总体要求是通气性、排水性、保水性、保肥性要好，而且清洁、无污染。不同的植物对基质的要求不同，组合盆栽主要依主体或主栽植物对基质的要求来选择；组合盆栽的类别和观赏要求也会影响基质的选择。一般的观叶植物和草本植物常用泥炭土，仙人掌及多浆肉质植物则多用河沙，兰花类用苔藓、树皮，而陶粒、卵石和石米主要用于填补盆面空隙或作装饰。

常见的商用基质如下：

泥炭土　　　　　　　　　　　　　　　苔藓

树皮

陶粒　　　　　　　　　　　　　石米

三、装饰材料

装饰品在组合盆栽中的应用也非常重要。恰到好处的饰品在作品中能起画龙点睛的作用，使作品更加活泼和富于含义。如小鞭炮、小灯笼、中国结等春节传统特色挂件，还有小蘑菇、小动物、小卡通玩具、小石块、干树枝、干木桩、松果等。如用于圣诞节的组合盆栽，可点缀蜡烛、松果、圣诞老人等饰品，以烘托圣诞节的气氛；春节用小鞭炮、小灯笼、小利是封等来装饰组合盆栽，喜庆、热闹的气氛就呈现出来了；情人节用包装精美的巧克力与组合盆栽作品搭配送给心爱的人，倍显缠绵情意。

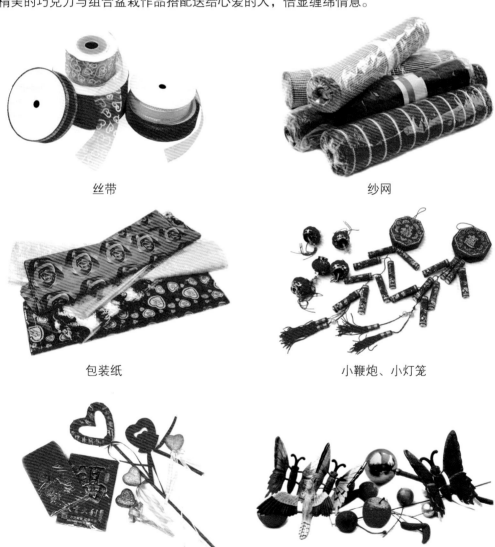

丝带

纱网

包装纸

小鞭炮、小灯笼

小利是封、玩具

其他装饰品

四、用具

一些常用工具，可为制作组合盆栽带来诸多的便利。

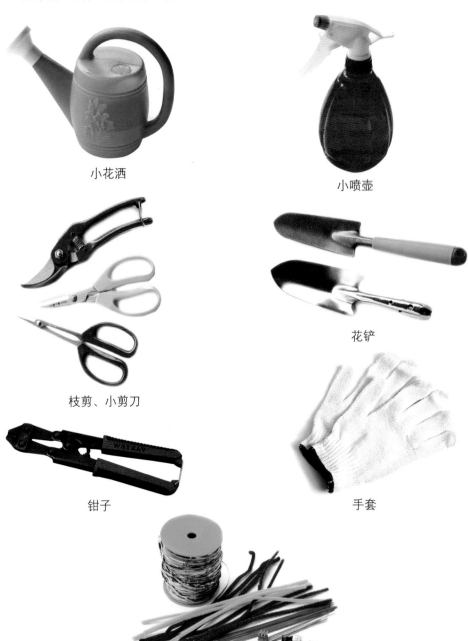

小花洒

小喷壶

枝剪、小剪刀

花铲

钳子

手套

细铁丝

组合盆栽基础技巧

组合方式

　　组合盆栽与一般的上盆植物一样，需要保持植物的活力、形态不受损伤，需要保护好根系以保证植株的完整。制作组合盆栽时依据植物的习性、抗逆和恢复能力、装饰观赏期的长短，可采用脱盆、带盆等方式进行合植。根据景观、装饰和观赏需要，还可以将不同的组合盆栽进一步组合搭配制作成更大型的组合作品，包括使用一定的构架、大型容器、造型等，使作品更加丰富多彩，并适应更大范围的美化造景。依据组合的特点可将组合方式归为以下几类：

一、脱盆组合种植

　　将植物脱去原来的花盆，组合栽种在盆器基质中。为了使组合盆栽可长期栽培和观赏，选择植物时对其习性要求较严格，强调习性要相似或相同，尽量选用生命力和抗逆性强的植物，以便养护管理。

二、套盆组合

　　对较大的盆器或不耐水的木盆或藤篮，可不脱去花盆，将几种植物连盆套入较大的容器中。为了防止水分的渗漏和盆器的霉烂，可在容器底部垫防水纸。这种方式让一些习性不同的植物同置于一盆成为了可能，它比较灵活，更换起来也非常方便。观赏一定时间后可以撤开单盆养护，并可用于其他组合盆栽。

三、架构组合

为了增加作品的空间层次感，可选用多孔造型的花盆，或搭建一些花架，或将木、竹、藤等天然材料设计制作成不规则的几何图形，然后将植物种植或缠绕生长在所设计的架构上。这种方式可充分发挥人的空间想象力，使作品更有艺术性和装饰性。

四、复合式盆栽组合

将不同组合盆栽通过集合装置，再次组合成一个新的组合作品。简单的复合式盆栽组合就是将用同样容器的盆栽按线性或几何图形组合在一起，也可将不同盆栽堆叠在一起。一些大型的复合组合盆栽是通过设计不同形状的框架来实现的。

五、植物、盆器和装饰品的简单组合

对单株造型优美的植物如蝴蝶兰、鸟巢蕨及凤梨等可采用单株组合。这种方式所用的包装材料和装饰品必须精美且具有华丽色彩，或对容器款式的选择有更高的要求。这种组合方式简单明了。

六、水培组合

无土栽培植物已成为现代室内装饰的潮流，清洁、高雅的水培植物正逐步被人们所接受。将不同形态、不同叶色、不同花色的植物共植于一个盛水容器中制作成的水培组合盆栽，具有干净、清爽、美观、管理简单等优点，这是较为新颖的一种组合盆栽方式。

组合盆栽的制作步骤与实例

一个好的组合盆栽就是一件艺术品，因此，制作组合盆栽就是一个创作的过程，具体制作步骤如下：

1.确定作品主题和创意。需确定通过盆栽组合，要表达什么寓意，起什么美化和装饰作用。

2.根据创意来选用植物。现在人们为大部分植物赋予了象征的意义，即花语。植物的叶形、花色等也可表达寓意。选择好主体植物后，还要进行初步的构图并选好陪衬植物。

3.选择盆器及装饰品。

4.进行组合。取盆器，如有需要可在盆器上垫防水纸、装饰纸，也可加少许陶粒或泡沫用于衬托植物；将主体或焦点植物放入盆中主要位置，调整好方向；然后栽植或置入其他组合植物，调整好方向和间距，用泡沫或基质固定，加入遮盖的材料。

5.如有须根，需做适当修剪或修饰。

6.配置花结或其他装饰品。

白花红心蝴蝶兰的组合盆栽

先将蝴蝶兰脱盆。选择一个有特色的椭圆形花盆，底部放一些泡沫用于调节植物高度。

先将蝴蝶兰放入盆中，通过高度、花的朝向确定各植株的组合位置。

将所有蝴蝶兰植入盆内后，用泡沫、水苔固定。

调整每株蝴蝶兰的位置后，于正前方插入一盆绿色的常春藤，将藤分向不同位置起装饰作用。

用水苔填充盆面的空隙，稍做调整，作品完成。

套盆组合盆栽

准备一盆主体花、两盆配花和一个可放入盆器的组合槽，主体花株形要略大于配花。

将主体花放入组合槽中部。然后分别将两盆配花置于主体花两侧。调整好所有植株的高度与方向，主体花要高于左右两侧的配花。

用双面胶将蝴蝶结装饰于组合槽中间位置。

调整好方向，作品完成。

红掌、吊兰的组合盆栽

准备花盆，垫入防水纸铺成盆状，加入一些泥炭和泡沫块。

将红掌脱盆，植于藤编花盆中，调节好高度。

将吊兰植于右前方。

将富贵子植于左前方。

将泥炭基质塞入空隙中，略紧压固定。轻提植株，调整位置，于盆面空隙露出泥炭的地方，用与盆边颜色相近的水苔进行遮盖。

作品完成。

发财树的组合盆栽

准备一个低矮树桩、一个造型盆、一棵发财树、一盆文竹、一盆金边富贵竹、一盆姬凤梨，用陶粒和泥炭作基质。

先于盆底铺少许陶粒和泥炭土。

将发财树脱盆，植于造型盆近中间的位置。将金边富贵竹脱盆，植于发财树一侧。

取出文竹，植于发财树的另一侧，与金边富贵竹相呼应。调整文竹生长方向，略斜生向外。再取出姬凤梨种在发财树的前方。

用小剪刀剪去姬凤梨过长、过多的叶子，起点缀和增加色彩的作用。

加入带沙的泥炭土以固定植株，浇定根水。

泥炭土表面用灰色石米遮盖。

作品完成。

凤仙花与常春藤的组合盆栽

挑选优质的凤仙花一盆、常春藤两盆、竹制方形花盆一个。

在竹盆内垫好防水纸和泡沫；将带盆凤仙花放入竹盆中央，用泡沫调整好植株高度，以凤仙花盆不高于竹盆为宜。

在竹盆的一对对角处，各加放一盆常春藤，用泡沫调整高度，用泥炭固定植株。

调整藤叶以铺满盆面并自然下垂，作品完成。

小型沙漠植物的组合盆栽

　　将已选好的仙人掌及多浆肉质植物按高低错落的顺序植于绿色塑料浅盘中，用河沙固定植株，并用彩色石米装饰空隙位置。

小花篮的组合盆栽

　　将已选好的几种植物按一定顺序植于藤编花篮中，用泥炭土固定植株，调整好位置即可。

养护管理

　　组合盆栽作品的主要材料是有生命的植物，它们需要通过养护管理才能健康地生长发育，从而延长作品观赏期，保持较佳的观赏效果。不同习性和组合类别的组合盆栽养护管理的要求不同。对于脱盆组合种植的组合盆栽，养护管理难度比较大，制作好后应先放在荫蔽条件下精心养护，保持环境湿润，待植物定根转入正常生长后再作观赏用。与一般盆栽植物一样，组合盆栽植物在培养和观赏过程中需要进行浇水、施肥、病虫害防治、整形修剪与更新等几个方面的养护管理。

一、浇水

　　植物的生长发育离不开水分，组合盆栽中的植物同样需要补充水分来满足生长发育的需要。组合盆栽植物培养过程中要根据植物的需水情况、季节及所处的环境来补水，遵循"不干不浇，干则浇透"的原则。可用一些简单的方法来判断植物是否缺水，如用小木棒插入盆土的 1/2~2/3 的深度，拔出后小木棒上有黏土并有湿痕就表明不缺水。浇水时宜浇透，对有排水孔的盆器，以其底部有水渗出为度。而盆器底部垫有防水纸或无排水孔的组合盆栽，要把整盆组合盆栽倾斜，将多余的水倒掉，以免根系被水淹没而导致烂根。一般选上午浇水比较好。对于常见的观叶、观花植物，春、夏、秋三季每 1 ~ 2 天浇水 1 次，冬季每 3 ~ 5 天浇水 1 次。对于仙人掌类及多浆肉质植物，一般很少浇水。如蝴蝶兰，其根系是肉质根，不需要太多水，每 15 天左右浇水 1 次即可。观叶植物可用喷壶喷水，尤其是夏季，叶片水分蒸发较快，可经常向叶面喷水以保湿和降温。可结合浇水擦洗叶片。但某些植物浇水时需小心，如春节用的组合盆栽主要是用蝴蝶兰、大花蕙兰、文心兰、凤梨、红掌等高档开花植物作主花，它们都不需要浇太多的水，浇水时，应小心地向植物的基部浇，不要将水喷洒到花瓣上，否则花朵很快就会凋谢。

二、施肥

　　组合盆栽需要有较长的培育和观赏期，因此，要保证有充足的肥料来满足植物生长和开花所需的养分。但对组合盆栽来说，施肥不是件容易的事。原则上，在盆栽组合前或在植物培养时可在基质中加入缓释肥来保障其以后生长的需要，这种肥料可在市面或花店购买到，一般选用颗粒状、肥效慢慢释放的缓释肥。如要使叶片长势好、颜色更绿，可选择通用肥或氮含量高的肥料；如要使花开放得更好，就要选择磷、钾含量高的肥料。尽量少施速效肥，以防植物生长过快，导致造型变化过快，降低观赏性。当然，结合整形修剪，适当对叶面喷施一点叶面肥，有利于叶片浓绿，花色艳丽，提高观赏价值。

三、病虫害防治

　　组合盆栽病虫害防治，最关键的是预防，避免病虫害发生。制作时要选择生长强健、无病虫害的植株，且最好能先对基质、盆器、用具等进行消毒。组合盆栽培养和观赏期间要保持室内空气流通，创造一个良好的生长环境。定期将组合盆栽移至室外，在通风和有一定光照的条件下进行培养，有助于减少病虫害的发生。在室内摆放久了的组合盆栽会滋生蚜虫、介壳虫、红蜘蛛等虫害，也容易感染白粉病、褐斑病等，若一旦发现这些病虫害，应将组合盆栽移到室外，及时剪除病虫枝叶。原则上，在家居环境下，最好不要使用农药来防治病虫害，可用蒜汁、辣椒汁、食醋等擦洗叶片，可达到一定的防治效果。也可到花卉市场或花店购买一些低毒药剂，根据包装上的说明来使用。

四、整形修剪与更新

　　精心制作的组合盆栽，其造型都是比较理想的，但在室内摆放时间长了，由于植物的生长，会出现一些枯枝、黄叶、病虫枝、残花及徒长枝等，造型变乱，观赏性降低，通过整形修剪，可以调整、控制植物的生长，维持适度的空间和造型，长时间保持良好的观赏效果。主要的措施有：剪除扰乱造型的枝叶和残花；定期摘除顶芽，控制植物的顶端优势，促进分枝；剪短过长的枝条，维持植株冠形的饱满，保持组合盆栽的原有造型。

出现黄叶的组合盆栽　　　　　　　修剪黄叶

　　对观赏期短、花易凋谢的植物要及时清理，更换新的盆花。用水苔作基质或作表面装饰的组合盆栽，浇水会导致水苔脱落、腐烂，要及时用新鲜水苔增补和更换。用于遮盖基质或作为装饰用的石子、陶粒、卵石、树皮等也要不定期取出并进行清洗，然后放回原位。

补充基质

组合盆栽实例

常用盆器的组合盆栽

　　组合盆栽的制作注重作品的创意和艺术性，是将大自然中的植物之美与人工的装饰美结合的产物。大自然恩赐给地球丰富多彩的植物种类，人类又用智慧培育出了更多具有观赏性的植物，为组合盆栽的创造提供了不竭的源泉。与插花作品一样，每一个组合盆栽都是独一无二的艺术品，但在制作上也有一些共性。为了更好地了解并掌握不同组合盆栽的制作、养护和欣赏，下面将对组合盆栽进行归类介绍，包括相同类别的盆器组合盆栽，相同主体植物的组合盆栽。

　　常用盆器在这里是指植物盆栽中常用、常见的一些花盆，包括陶瓷盆、紫砂盆与塑料盆等。这类盆器比较常见，也容易获得。用这类盆器制作的组合盆栽比较大方，应用适应性广。这类盆器中也有一些无论是在色彩、质感还是造型上都很有特色，可制作出款式新颖且时尚的组合盆栽。

一、陶瓷盆类的组合盆栽

花　材

袖珍椰子、凤尾蕨、
舞点枪刀药

制　作　与　养　护

　　将袖珍椰子脱盆后种植在陶瓷盆的中间位置，再将凤尾蕨种植于右后方，舞点枪刀药填充于正前方，空隙处用小石子装饰。凤尾蕨和舞点枪刀药都需要较高的空气湿度，故要经常向叶面喷水。

布 置 与 欣 赏

　　和谐的色彩，错落有致的植物组合，显示出盆栽的大方，可将它置于书房和客厅作装饰。

花材

富贵竹、常春藤

制 作 与 养 护

对于高桶形盆器，组合前将泡沫填充至入盆高的1/2处，再加入基质，以便排水和搬动。常春藤怕热，炎热夏季应多喷水，置于阴凉的地方。

布置与欣赏

弯弯扭扭的富贵竹与飘逸披垂的常春藤遥相呼应。无论是现代还是传统的家居风格，均可应用此组合盆栽。

花材

绿巨人、金边富贵竹、金边常春藤

制 作 与 养 护

先将具有宽大叶片的绿巨人种植于盆中，再用小株的金边富贵竹、金边常春藤来填充下层空隙。夏季需每天浇水，并经常向叶面喷水。

布置与欣赏

深绿色的绿巨人与白色花盆相搭配，再用金边植物作点缀，使整个盆栽更显生机，可将它置于办公场所和家居室内作装饰。

花 材

金钱树、金边常春藤

制作与养护

将泡沫填充至直桶高盆的1/2处再进行组合栽培。金钱树每半个月浇水1次，金边常春藤则应经常浇水，虽然两者习性差别较大，但只要浇水时区别对待即可。

布置与欣赏

寓意为四季发财的金钱树与金边常春藤相组合，有财源滚滚之意，再配以粉红色的蝴蝶结，于春节时用于客厅的装饰，以祈福、求财。

花 材

山海带、金边常春藤

制作与养护

山海带叶片婆娑，但根部光秃秃的，用金边常春藤来弥补。每2~3天浇水1次。

布置与欣赏

端庄且颜色深绿的山海带有些严肃，配几枝金边常春藤植于淡黄色的瓷盆中，就使整个盆栽显得活泼了许多，可将它摆放在较宽阔的客厅、书房、起居室内。

花 材

文竹、金边富贵竹、
常春藤

制 作 与 养 护

先将文竹和金边富贵竹种植在一起，
再于盆的正前方配上常春藤。叶面需经常喷
水，盆内每2~3天浇水1次即可。

布 置 与 欣 赏

这三种植物相组合本来就显清雅，再用
白底的花盆相配，整个盆栽更显和谐美。此
组合盆栽适合置于客厅、书房作装饰。

花 材

三色千年木、常春藤、
花叶蔓长春

制 作 与 养 护

先将高低错落的三色千年木植于盆内，
再以常春藤、花叶蔓长春填充间隙。每1~2天
浇水1次。

布 置 与 欣 赏

步步高升的三色千年木与黑色横纹的
盆器搭配，显得整个盆栽非常端庄，适合
摆放于客厅欣赏。

花 材

幸福芋、常春藤

制 作 与 养 护

　　先将叶片宽大的幸福芋种植于盆内，再于盆的正前方植入常春藤。每2~3天浇水1次。

布 置 与 欣 赏

　　墨绿色的幸福芋与黑色的盆器相搭配，使整个盆栽显得协调且高贵，适合装饰客厅及书房。

花 材

三色千年木、常春藤

制 作 与 养 护

　　先将三色千年木种植于盆中，再将一干树枝垂直插于盆内右侧，最后用常春藤填充空隙。可将此盆栽放于室内光线较好的地方欣赏。每2~3天浇水1次。

布 置 与 欣 赏

　　将用干树枝装饰的组合盆栽放于室内欣赏，给人以亲近自然的感觉。

花 材

金钱树、金边富贵竹、白纹草、粉精灵、花叶球兰

制作与养护

先将金钱树种植于盆的中间偏后位置，然后依次种植其他植物，加入泥炭土，调整好各种植物的位置，最后用石米装饰盆面。每2~3天浇水1次。

布置与欣赏

四季常青、寓意财源广进的金钱树与金边富贵竹等植物组合，再配以稳重且高雅的盆器，使整个盆栽显得富贵且有才气，可将它置于客厅的花架、茶几及玄关等处欣赏。

花 材

滴水观音、红粉佳人、冷水花

制作与养护

先将滴水观音种于方形盆内左侧，再用小植物红粉佳人、冷水花作补充。每2~3天浇水一次。

布置与欣赏

返璞归真的方形陶土盆与造型独特的滴水观音和谐结合，再用两种小植物作补充，使整个盆栽更有生机。此盆栽适合放在茶几、玄关处观赏。

二、紫砂盆类的组合盆栽

花 材

文竹、吊兰、常春藤

制 作 与 养 护

先将文竹种植于花盆中间偏左的位置，再将吊兰种植于文竹的右后方，常春藤种植于文竹的左前方。因文竹、吊兰都是肉质根系，不能浇太多水，否则会烂根。需经常向叶面喷水，以保持较高的空气湿度。

布 置 与 欣 赏

文竹、吊兰及常春藤本身就是比较高雅的植物，再配以素雅的紫砂盆，整个盆栽显得雅气十足。

花 材

滴水观音、青苔

制 作 与 养 护

先将滴水观音种植于盆器内左侧，再加入塘泥至高出盆面约5厘米，然后在盆面上铺青苔，用小石子铺一条路，并装饰一对陶瓷老人和一座小亭。制作好后，宜先将它放置于阴凉处保湿，半个月后可摆放到阳台或庭院内欣赏。经常向叶面喷水以保湿，可保持整盆植物翠绿。

布 置 与 欣 赏

大树底下，配以小品景观，还有一对老人在谈古论今，构成了一个传统盆景式的组合盆栽。宜将它摆放在阳台或庭院内欣赏。

花材

仙人掌类及多肉植物

制作与养护

　　将河沙填充至紫砂盆高度的2/3处，再根据植物的高矮依次将仙人掌类及多肉植物种植于其中，并用河沙固定，最后于盆面空隙处铺以彩色石米作装饰。一般不用浇水。

布置与欣赏

　　仙人掌类及多肉植物合植，是一个既奇异又和谐的组合，也是一个典型的小型沙漠植物盆景。无论从造型还是植物的习性上看，它都显得非常协调，适合放在办公室等处观赏。

花材

滴水观音

制作与养护

　　先将两株茎干上有多个分枝的滴水观音种植于方形盆中，再配以石子于盆面作装饰。可将它放置于室内光线较强的地方欣赏，需经常向叶面喷水以保湿。

布置与欣赏

　　深色且带有山水图案的方形紫砂盆与寓意好运旺来的滴水观音相搭配，使整个盆栽显得超凡脱俗且高档，宜将它放在会议室或客厅内观赏。

三、塑料盆类的组合盆栽

花 材

仙人掌类及多肉植物

制作与养护

　　将河沙填充至塑料栅栏盆高的2/3处，再依次将仙人掌类及多肉植物植于其中，将绯牡丹置于靠中间的位置，起焦点作用，各植物均用河沙固定，最后于盆面空隙处铺以彩色石米作装饰。一般不用浇水。

布置与欣赏

　　这些植物有共同的习性，将它们组合在一起，配以长方形栅栏式花盆，不就是一个小小的沙漠植物园吗？该盆栽可置于书桌、电脑旁作装饰。

花 材

金钱树、玛丽安、蕨类植物

制作与养护

　　先于塑料盆底垫一层麦饭石，再将金钱树种植于盆中间略偏右的位置，然后将玛丽安、蕨类植物种植于盆内空处，最后加入麦饭石作固定和填充。需经常向叶面喷水以保湿。

布置与欣赏

　　翠绿的植物与蓝蓝的浅塑料盆相结合也很和谐，可将它放在办公室内观赏。

花 材

长寿花、蕨类、黑美人

制 作 与 养 护

将长寿花种植于盆中偏右的位置，蕨类种植于长寿花的左后方，前面空隙处用黑美人填充。每2~3天浇水1次。

布 置 与 欣 赏

简易的蓝白塑料小方盆中，优雅秀气的长寿花、郁郁葱葱的黑美人和细长飘逸的蕨类相互点缀，无限生机跃然纸上。该盆栽适宜摆放于书桌、电脑旁欣赏。

花 材

仙人掌类及多肉植物

制 作 与 养 护

在塑料浅盆中垫一些河沙，依次将仙人掌类及多肉植物种植于其中，再用河沙固定，在盆的正前方空位处横放一株小树根。一般不用浇水。

布 置 与 欣 赏

在沙漠绿洲中横跨着一株历经沧桑的树根，更显生命的顽强。该盆栽适合放在办公室内观赏。

花材

幸福芋、红粉佳人、
蕨类、紫鹅绒

制作与养护

将幸福芋种植于盆中靠后处，再将其他植物种植于幸福芋的下方。每2~3天浇水1次，叶面需经常喷水以保湿。

布置与欣赏

低矮的小植物被叶片宽大的幸福芋小心呵护着，整个盆栽似一个和谐的小天地，适合放在客厅观赏。

迷你及趣味式组合盆栽

一、迷你花盆类

　　迷你及趣味式组合盆栽通常是指用一些体积小、造型和色彩丰富的小型盆器、生活用品与小植株组合形成的盆栽，植物材料常选用小型观叶植物、小盆花、奇异植物、小型多肉植物和仙人掌科植物，这类组合盆栽具有简洁、可爱、趣味、精致等特点。多种不同类型的植物组合在一起常能够形成让人赏心悦目的"迷你小花园"。

　　迷你花盆款式新颖、做工精细、品种繁多，用它种植的组合盆栽适合于室内案几、书架及电脑桌等处摆设。

　　朵朵盛开的白色报春花尽情开放，歌唱着春天的到来，其后的两枝金边富贵竹生机盎然，茁壮成长，它们一起组合成一盆春意盎然的盆栽。细叶薜荔增加了动感，起烘托作用。

　　圆球形的仙人球，条纹十二卷及冠形的绯牡丹，这些不同形态、不同色泽的耐旱植物组合在一起，相映成趣。最后在色泽明快的盆面上铺上淡黄色石米，使整个盆栽色泽协调、活泼可爱。

　　温馨的紫色非洲紫罗兰在乳白色花盆中悄悄开放，两片花叶芋叶展开，犹如一对小雨伞小心地呵护着下方的花朵，用三色千年木填补空间和调和色彩，给飘逸的常春藤增添了一分温馨。

　　灰色调缸盆上亭亭玉立、伸展舒张的滴水观音与刚发芽的滴水观音组合在一起，别有情趣，盆面辅以麦饭石。整个作品显得简洁、静幽。

常春藤小植株与茎干挺拔的三色千年木相依为命，再辅以小石头，使整个盆栽显得安稳。

叶片舒展的滴水观音与可爱的姬凤梨搭配在一起也非常相配。

用仿砖小花盆栽种春羽和彩色姬凤梨也很协调。

茂盛的金叶合果芋疏密有致，层次分明。略带红色的网纹草使盆栽更加丰满，再配以黄色横纹的盆器，使整个盆栽显得得体大方。

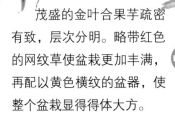

色泽鲜艳的直桶花盆内栽种上仙人掌类植物，配以飘逸的常春藤增加动感，使整个盆栽很有个性。

仙人掌类植物合植于大通盆器内，饰以常春藤，颇具玩味性。

用活泼可爱的小蘑菇花盆将几株仙人掌类植物组合在一起。该盆栽不怎么需要打理，是地地道道的懒人盆花。

砖红色的球形小花盆本身就很可爱，再种满枝叶繁多的嫣白蔓更显可爱。

蘑菇造型的盆上用披针略显散乱的三色千年木细高植株造成一种突兀的景象，好像长出了植物，再在盆器构图上添以翠绿色的蕨类及细叶披垂植物，使整个盆栽多了一分自然，多了一分野趣。

二、杯、碗、碟形容器类

该类容器形似日常生活中常见的咖啡杯、碗碟，这些仿形小花盆配以彩叶或迷你型植物组合成盆栽，适合用于家庭摆放，显得格外温馨、浪漫。

咖啡杯中不同形态、不同色泽的仙人掌类及多肉植物错落有致地组合在一起，犹如呈上了一角沙漠绿洲或沙漠小花园。该盆栽具有现代质感，适合西式家居的装饰。

在两个相同的小碗盆中植入不同色泽、不同叶形的植物，然后组合在一起相映成趣。该盆栽适合摆放于喝工夫茶的茶台上欣赏。

三盆植物相组合，中间用君子兰构成主体，左、右两侧用低矮型黑美人和红网纹草做陪衬，三者一起摆放在长条形的黑色平板托盘上，使整个盆栽雅气十足。

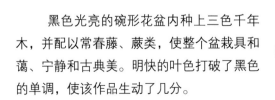

黑色光亮的碗形花盆内种上三色千年木，并配以常春藤、蕨类，使整个盆栽具和蔼、宁静和古典美。明快的叶色打破了黑色的单调，使该作品生动了几分。

白色球形容器配以黑色底托，显得高雅，将水金钱水养其中后置于餐桌上，又多了一分温馨和浪漫。

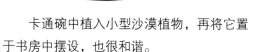

卡通碗中植入小型沙漠植物，再将它置于书房中摆设，也很和谐。

以几种不同颜色的细条纹彩叶植物为主景组合在一起，再用一两株小圆叶形植物来调和，方寸大小的碗中便呈现出野地一角的景观。

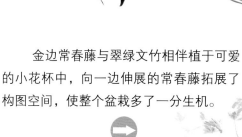

金边常春藤与翠绿文竹相伴植于可爱的小花杯中，向一边伸展的常春藤拓展了构图空间，使整个盆栽多了一分生机。

金边富贵竹、红粉佳人与婴儿泪三种植物恰当地组合在一起，碗边再置上一只小瓢虫，一个有生命的世界便展现在你眼前。

该盆栽适合置于家居案几或书架，餐厅装饰柜及接待室的玻璃圆桌上欣赏。

小三色铁依偎在开心果植株的树冠下，使开心果植株犹如一把小雨伞，再辅以飘逸的常春藤增加几分动感。

在有脚的盘形花盆中植入文竹，再用干树枝和小木块作装饰，使整个盆栽有返璞归真的意境。

三、扁石盆器类

仿石盆器具有自然、质朴、纯真之感，用这类盆器制作的组合盆栽适合摆放于书吧、休闲吧、阅览室等场所慢慢品味。

将仙人掌类植物随意地植于仿石盆器内，显得有卡通味。

自然的石盆斜出如悬崖，直立的竹柏矗于崖顶迎风傲立，婴儿泪悬垂附生于石盆上，形成一幅由悬崖、古树、长藤组成的险峻、秀丽的风景。

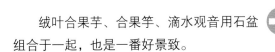

绒叶合果芋、合果竽、滴水观音用石盆组合于一起，也是一番好景致。

岩石盆内多株滴水观音排列组合，形成一个自然雅致的小盆景。

石盆上雕刻着含苞待放的植物，与种在上面的黑美人相呼应。黑美人的下部空间用常春藤填充，并插上一根剑形小木条来增加平衡感，使整个盆栽构成一幅美丽的画。

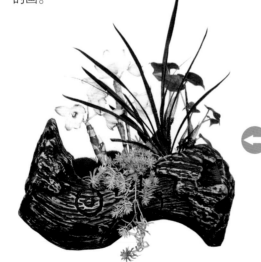

古岩造型盆中春石斛兰、滴水观音等植物组合在一起，显示出顽强的生命力。

玻璃容器的组合盆栽

玻璃容器的特点是晶莹透明，不仅可让你欣赏植物枝叶，还可观赏植物的根部，满足人们的好奇心。由于盆器的特质，用玻璃容器可使盆栽高雅、时尚，相应基质多用麦饭石、陶粒、彩沙等，清洁且易管理。

开口圆球形玻璃容器内加入麦饭石至容器高度2/3左右，再植入枝叶婆娑的文竹，然后用一些小植物遮掩瓶口，形成一个雅致、可爱的盆栽。

圆柱体斜截后形成一个椭圆形的斜面。容器中加入麦饭石，再种上若隐若现的婴儿泪及枝叶婆娑的文竹。透明的玻璃背景和这些植物构成了一幅美妙的画卷。

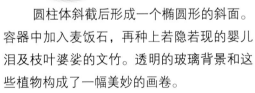

正方体或长方体的玻璃容器常用于制作透明的绿色空间。容器中加入固体基质至容器高度1/3左右，再把不同的植物组合在一起，也可用干树根作装饰。植株可全部植于容器内，也可露出容器。

在形如牛角的玻璃器皿中种植水生植物似乎很坦然。

透明的小玻璃杯中加入麦饭石,再植入翠绿的铁线蕨和树根,构成一个现实与梦幻的二重世界。

透明的小玻璃盆中加入麦饭石、铁线蕨和万年竹,使整个盆栽成为一个小热带雨林。

透明的多边玻璃盆内铺上麦饭石，乳白色的珊瑚生长其中，再用适应水生环境的红粉佳人、蕨类等植物组合成一个色彩斑斓的海底世界。

咖啡色的玻璃小碗中，植入绿色的沙漠玫瑰、嫁接了黄菠萝的三枝柱及仙人指，使整个盆栽似沙漠植物群落中的一角。

透明的玻璃器皿内装满错落有致的水生植物，使整个盆栽成为自然景观的一个缩影。

竹木容器及藤编容器的组合盆栽

该类容器造型独特，材料天然而质朴，有形状各异的手推车、小船、藤编小花篮等，用它们制作的组合盆栽可用于家居环境的绿化、美化。

木制单轮车的造型容器内，选择不同的植物进行组合，带来浓浓的绿野乡村气息，让你更加亲近大自然。

三色千年木的叶子似绿似红，还很飘逸，好似风雨过后的大树依旧生机勃勃，山石中野卉浓绿、藤蔓缠绕，在藤编容器世界中一一展现。

陶罐已被古藤缠绕包裹，显得岁月悠久；滴水观音、古老的蕨类植物在直陶罐中展现新绿，使古老与新生交融在一起。

有脚架的条形木花槽内三色千年木和虎尾兰遥相呼应，再用红粉佳人和网纹草调色，辅以枝蔓飘逸的金边常春藤增加动感。整个盆栽色彩和谐，比例恰当。

细叶蔓性植物婴儿泪在藤编篮中随意地生长，别有一番情趣。

小木船上铺满白色小石米，再植入滴水观音、姬凤梨、长寿花相搭配，很协调。

不同种类、不同色泽的小盆花用相同的容器组合在一起，雅致而不单调，小小空间多了一分色彩与繁荣。

同种植物多株植于一盆的组合盆栽

同种植物多株植于一个盆器内，似浓缩的小森林，具有单纯、茂盛和蒸蒸日上等特点，整个盆栽体现了群体之美。

古色古香的波浪型花盆用麦饭石作基质，将袖珍椰子错落有致地组合在一起，是河边的竹林，还是小岛、海滩上被海风吹拂的棕林，任你评价与品味。

深色、带一朵小白花的六边形小花盆内群植小棕竹，营造出绿色丛林的景致。

同种水生植物植于有角玻璃碟内也很自然。

典雅的小圆盆内种满罗汉松的小苗，显得茂盛和蒸蒸日上。

高脚的杯形盆内植入错落有致、深绿色且茂盛的金钱树，呈现出欣欣向荣的景象，似空中密林、天堂之林的景致。

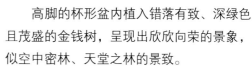

茂盛且寓意财源滚滚的开心果盆栽用木花座搭配，彰显贵气。

盆器内植满长串的翡翠珠，呈现出丰收的景象。

用纹路清晰的扁石群植罗汉松，犹如海中孤岛上的一片树林。

节日用组合盆栽之欣赏

在节日里，人们合家团圆，走亲访友，进行各式庆典活动，营造祥和、热烈的气氛，这时就少不了花卉。在现代社会中，越来越多的鲜花被用来营造和烘托节日气氛，并被赋予寓意，花卉已成为一种高雅的礼品。节日礼品用花主要选用花大、色泽艳丽、花期长的一些花卉，如洋兰中的大花蕙兰、蝴蝶兰、文心兰、石斛兰等，还有凤梨、红掌及一品红等，当然也少不了玫瑰海棠、仙客来、非洲菊、非洲紫罗兰等具有鲜艳花朵的草本花卉。

随着欣赏水平和花卉应用水平的提高，人们已不再满足于单盆栽植的花卉，更具观赏价值、包含更多寓意、更好地烘托气氛的组合盆栽正越来越受到人们的喜爱，其中年宵花卉的组合盆栽是最能表达节日气氛的盆栽，所采用的花材高档，具有花开富贵、吉祥如意的深刻意义，刚好迎合了中国人喜欢大红大紫，图个吉利的心理。大气而热烈的组合盆栽给节日中的人们带来欢乐和热闹的气氛。

兰花的组合盆栽

一、蝴蝶兰的组合盆栽

蝴蝶兰是近几年我国及国际花卉市场中，最受青睐、发展最快的兰花品种之一。因其色彩绚丽，花色丰富，花期可长达3个月之久，花姿优雅，素有"兰花皇后"的美誉。用蝴蝶兰制作的组合盆栽常被用作公关、庆典、婚礼等的装饰物、礼品，被视为典雅高贵的礼物。单位同事、亲友、恋人之间为不落俗套，赠以蝴蝶兰交流心声，已成为时尚。

蝴蝶兰是春节期间应用最多、最广的盆栽花卉，它可以有单株、双株和多株组合盆栽形式。

单株蝴蝶兰组合盆栽

蝴蝶兰姿态优美，花色鲜艳，无论怎样摆放都很美丽，甚至以单株的形式与其他绿色植物和盆器搭配都是一个好的组合盆栽作品。制作这类盆栽时，单株蝴蝶兰最好连盆组合，以便浇水时区别对待。

选一个有柄花篮，垫上防水纸，然后将单株蝴蝶兰连盆固定在花篮中，依次配上袖珍椰子、小天使及小盆非洲紫罗兰，用水苔固定和弥补空隙。给花篮下部其他植物每3~5天浇水1次，经常向下部叶面喷水。

在直桶形小花篮中垫上防水纸，将泡沫填充至盆高的2/3处，再依次将蝴蝶兰、袖珍椰子、常春藤植入花篮中，袖珍椰子起弥补空间的作用，常春藤起增加动感，将视线延伸的作用。

将蝴蝶兰、凤梨、常春藤任意植入花篮中，非常好看，也可从篮中取出单盆欣赏。

玫瑰红的蝴蝶兰与翠绿的蕨类植物相结合，再配以饰有白色花纹的高雅盆器，给人以高贵且和谐之感。

在有提柄且半开放式的花篮内将蝴蝶兰和常春藤组合在一起，遥相呼应。

在方桶形容器中垫上防水纸，再将蝴蝶兰植于容器内左侧，然后填入波斯顿蕨，最后加入常春藤以增加动感。

虽然花朵集中在顶部且花梗修长，但配以高低错落的富贵竹、常春藤等植物，便形成一款比例恰当的组合盆栽。

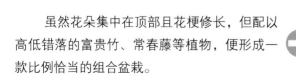

在特殊且高雅的多孔陶瓷盆中植入蝴蝶兰、蕨类和姬凤梨，也是一道亮丽的风景。

在很有个性的蓝色花篮中将几种植物组合在一起，显得高雅、时尚。

在清雅的盆器中植入单株含苞待放的蝴蝶兰，再用袖珍椰子、长寿花及常春藤搭配，整个盆栽显得高雅、大方。

将蝴蝶兰和鸟巢蕨各自植入不同的容器后组合在一起，再配挂上一个小中国结，使整个盆栽带有一点过年的味道。

单株多分枝的粉色蝴蝶兰与一品红、仙客来组合，并用绿精灵和蕨类植物作衬托。整个盆栽色彩和谐。

双株蝴蝶兰组合盆栽

双株蝴蝶兰结伴而行，有好事成双、心心相印的好寓意。

在有脚花篮内垫好防水纸，再将两盆蝴蝶兰脱盆后植入花篮中，然后加入金边富贵竹，用泡沫固定植株，最后辅以常春藤起延伸空间的作用。

两株蝴蝶兰默默相望，组合成一个爱心构图，代表心心相印。

有花枝图案的桶形容器内植入两株蝴蝶兰，再与其他绿色植物组合，便构成一幅风景画。

虽然这两株蝴蝶兰花朵数量较少，花枝中间部位较空，但用袖珍椰子、常春藤和紫鹅绒来弥补空间，整个盆栽就不显单调了。

两株情侣似的蝴蝶兰面向鸟巢蕨，有一种爱鸟归巢的感觉。

先将两株蝴蝶兰植于长形花篮内的两侧，再将金钱树、玛丽安及其他植物植入其中，形成一个寓意满载而归的小花篮。

简单的蝴蝶兰和绿色植物组合在花篮或花盆中，就可作为高雅的礼品。

两株弯弯的蝴蝶兰一高一低，构成相依为命或比翼双飞的图案，仿古盆器中以金边富贵竹作陪衬，再配以小植物来增加层次和野趣。

虽然只有两株蝴蝶兰，但每株分枝多，花朵多，再配以布满铜钱图案的盆器，整个盆栽彰显出花开富贵、财源广进的节日气氛。

虽然一高一低的两株蝴蝶兰并不起眼，但用金黄色丝网装饰包装后，整个花篮华丽了许多。

多株蝴蝶兰组合盆栽

　　蝴蝶兰似蝶飞舞，花有粉红色、大红色、白色、黄色等。在制作多株蝴蝶兰组合盆栽时，大多将三株、五株、八株乃至十株以上同一品种、同一花色的组合为一盆，也有几种颜色相配而成的组合盆栽。所用盆器有常见的各类花盆、花篮及其他容器。该类组合盆栽花色艳丽，花朵多，常用于装饰客厅、大厅及会议室等场所，以渲染和烘托热闹的节日气氛。

　　开粉色花的蝴蝶兰与开白色花的石斛兰相搭配，再用绿色植物来调和，组合于锥形盆器中，整个盆栽显得很高雅。该盆栽常与西式家具相搭配，效果相当不错。

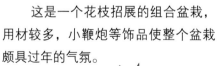

　　这是一个花枝招展的组合盆栽，用材较多，小鞭炮等饰品使整个盆栽颇具过年的气氛。

　　长椭圆形的木花盆内以犹如风帆的富贵竹为骨架，再将蝴蝶兰填充在里面，使整个盆栽似一艘满载而归的船。

用木制花盆来搭配开红色花的蝴蝶兰，具有花开富贵之寓意，常用作客厅的装饰。

将十株蝴蝶兰用铁线做好造型，于盆底垫上防水纸及泡沫，挑选两株蝴蝶兰植于盆内中间位置，然后依次将剩余的蝴蝶兰植入其中，并用泡沫固定好各自的位置和花的朝向，最后加入常春藤，分别缠绕于蝴蝶兰花枝上作装饰。

用黄色花与蝴蝶兰相搭配，再配以常春藤作装饰。

将两种花色的蝴蝶兰植于花篮中，再用一品红、袖珍椰子及铁线蕨来弥补空间和调色。整个盆栽显得十分和谐，且比例恰当。

在布满元宝和铜钱图案的盆器中，多种兰花、凤梨组合在一起，使该盆栽满足人们追求喜庆、大富大贵的心理需求。

二、大花蕙兰的组合盆栽

绚丽多姿的大花蕙兰株形丰满、叶色翠绿、花形优美、花朵硕大，深爱人们喜爱。大花蕙兰的花色有从深红色至白色的多种过渡色，黄色、绿色等单色及具有两种色彩的复色等。其花朵既有附生兰的朵大色艳的特点，又有国兰的清香。大花蕙兰通过与盆器搭配制作成组合盆栽后，可置于客厅、窗前或室内角落等处摆设。大花蕙兰是冬春季常用的高档花卉。

单独欣赏花枝并不好看的大花蕙兰，与蝴蝶兰、石斛兰、凤梨及其他绿色植物相结合后，观赏价值提高了不少。

贵气的大花蕙兰常与高大且高档的盆器相配，两者间常有一定的空间，配以仙客来、石斛兰、蝴蝶兰等可形成不同层次的花景，悬垂的常春藤可增加几分妩媚。

粉色矮花品种的大花蕙兰与富贵竹、仙客来及其他绿色植物相搭配，植于一个碗型大盆中，整个盆栽显得错落有致。

素雅的长方形盆器中，用蝴蝶兰来衬托粉色大花蕙兰，更显超凡脱俗。

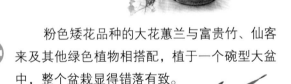

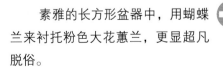

三、石斛兰的组合盆栽

　　腰缠万贯的盆器中植入两种春石斛兰与蕨类，并用三种颜色的爱心配饰来调和颜色，便组合成了一个雍容华贵的节日用组合盆栽。

　　复合式盆器中植入单株石斛兰，再用吊兰等观叶植物陪衬。整个盆栽显得自然、大方。

　　复合式盆器中分别植入两个品种的石斛兰，再用低矮植物装饰盆面。整个盆栽似一幅精美的图画。

　　几株石斛兰随意种植于长方形天然材料的盆器中，几株小绿植点缀于下部空间。整个盆栽显得简约、和谐。

四、文心兰的组合盆栽

文心兰常被称为跳舞兰，是一种极美丽又极具观赏价值的兰花，其植株轻巧，花茎轻盈下垂，花朵奇异可爱，形似飞翔的金蝶，极富动感，是重要的盆花。文心兰可单株欣赏，也可多株组合于一盆中欣赏，是节日常用的兰花品种之一。

文心兰用星点木来陪衬，用各色具现代特色的配饰来装扮，自然与人工物件巧妙配合，组合成一个可爱的礼品盆栽。

大型容器中植入数枝甚至十几枝文心兰，形成黄金一片、数红夹杂于其中的景致。此盆栽常作为春节送礼佳品。

 文心兰与卡特兰搭配组合，也很美。

文心兰花梗略弯，迎风飘动，将它种植于船形盆的一侧，然后用姬凤梨、吊兰、仙客来等搭配，姬凤梨、吊兰的叶片色彩与盆壁条纹协调相配，最后装饰上象征丰收的瓜果，营造出风调雨顺的景象。

凤梨的组合盆栽

凤梨品种纷繁，株姿秀雅别致，花叶光彩绚丽，花序颜色也较为丰富多彩。它是高档的室内观赏盆花之一，给室内空间增添喜庆氛围。

凤梨与蝴蝶兰相搭配，再配以洁白的花盆，使整个盆栽简洁、高雅。

多株凤梨组合在一个盆器中形成热闹景象，该盆栽适合摆放于客厅、大堂。

一黄一红的两株凤梨犹如比翼齐飞的人生伴侣。

三株紫星凤梨与红掌、粉色春石斛兰、金佛手高低错落地组合在一起，并配以常春藤将视线下延。该盆栽适合于大厅摆放。

三株凤梨组合于带有蝴蝶结图案的白色花盆内，整个盆栽显得很高雅。

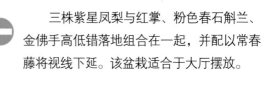

用藤本干枝条作为花篮的提柄，其间植入三株红星凤梨，并用春石斛兰及蝴蝶兰、瓜果装饰。一个龙凤呈祥的花篮便展示在你眼前。

红掌的组合盆栽

红掌又名安祖花、火鹤花,其佛焰花苞硕大,肥厚,具蜡质,花色有红、粉、白、绿等色。红掌色泽鲜艳,造型奇特,应用范围广,是目前全球发展较快、需求量较大的室内高档热带盆栽花卉之一,在组合盆栽中应用非常广泛。

红掌与文心兰、春石斛兰组合,营造热烈与雅致的格调。一品红、黄金葛点缀于盆壁,起调色作用。该组合盆栽是一款色彩和谐的节日用礼品花。

竹篮提手成为组合盆栽的架构,用金边常春藤枝蔓缠绕构成空中绿桥。该组合盆栽可作为节日花篮。

大叶品种的红掌与开粉色花的春石斛兰组合,形成呼应,再用蕨类等小植物来衬托,整个盆栽呈现出金元宝上花开富贵的景致。

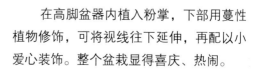

在高脚盆器内植入粉掌,下部用蔓性植物修饰,可将视线往下延伸,再配以小爱心装饰。整个盆栽显得喜庆、热闹。

观果植物的组合盆栽

天鹅造型的花盆内种上硕大的金佛手，并饰以小花蝴蝶兰，热闹、喜庆。旁边再配以红彤彤、金灿灿的果子，整个盆栽便成为了一个象征五谷丰登的作品。

手提花篮中植入金灿灿的佛手，配以五代同堂果、苹果，再用华丽的丝带包装整个花篮，使它成为一个热闹又喜庆的礼品果篮。

金元宝结构的盆器是节日常用花盆，用金佛手作主体，再饰以一些挂饰，一个象征吉祥如意、风调雨顺的作品便呈现在你眼前。

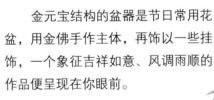

果压枝头的富贵子与地被植物相组合，使整个盆栽显得很自然。

草本花卉的组合盆栽

双色穗冠组合在土黄色陶盆中，也很美。

多株凤仙花连盆用一个藤编容
器组合在一起，可用作送礼花篮。

宽口矮盆内群植黄心菊，
可作室外景观布置的材料。

四季海棠群植于略显陈旧的陶
土盆内，适合于室外花园布景。

图书在版编目（CIP）数据

观赏性水养、组合盆栽 / 华姨编著. —杭州：
浙江科学技术出版社，2017.8
ISBN 978-7-5341-7551-0

Ⅰ.①观… Ⅱ.①华… Ⅲ.①盆景 – 观赏园艺
Ⅳ.①S688.1

中国版本图书馆CIP数据核字(2017)第091408号

书　　名　观赏性水养、组合盆栽
编　　著　华　姨

出版发行　浙江科学技术出版社
　　　　　杭州市体育场路347号　邮政编码：310006
　　　　　办公室电话：0571-85176593
　　　　　销售部电话：0571-85062597　0571-85058048
　　　　　E-mail:zkpress@zkpress.com
排　　版　广东炎焯文化发展有限公司
印　　刷　杭州锦绣彩印有限公司
经　　销　全国各地新华书店

开　本	710×1000　1/16	印　张	10
字　数	120 000		
版　次	2017年8月第1版	印　次	2017年8月第1次印刷
书　号	ISBN 978-7-5341-7551-0	定　价	34.00元

责任编辑　王巧玲　仝　林　　　　　**责任美编**　金　晖
责任校对　顾旻波　陈宇珊　　　　　**责任印务**　田　文